Carnets parallèles

Des livres qui passent de poche en poche, comme des carnets sur lesquels on peut griffonner au gré de la lecture : voilà ce qu'ont dit les fées sur le berceau de cette petite collection souple, née de la volonté de voir la pensée circuler, le plus loin possible, sous le manteau ou dans la manche, suivant le pas alerte de lecteurs occupés à faire commerce d'idées, à débattre, à se raconter des histoires, à jouer et à apprendre.
Une petite collection à cheval entre les idées et le pratique, résolument vivante et amusante, qui rend concrètes les grandes questions.
On y entre, en somme, par la petite porte, pour en sortir par la grande.

LE MYTHE DU RECYCLAGE

La vie des choses

Grille-pain, sac plastique, biface, casserole, smartphone, voiture, igname, briquet, photo, missile, boîte de conserve…

Les objets sont omniprésents dans notre vie, comme dans la vie des autres. Voilà qui paraît évident. Et, pourtant, nous n'y prêtons guère attention. Comme si notre environnement matériel nous était donné. Comme s'il suffisait d'appuyer sur un interrupteur pour que la lumière soit. Sans dommage. Sans frottement. Sans histoire.

Que savons-nous du rôle particulier que tiennent les objets dans notre manière de vivre ? De la valeur et des attachements qu'ils créent, des renoncements et des partages qu'ils imposent, des logistiques qu'ils font naître, des conflits qu'ils suscitent, des savoirs et des techniques dont ils sont faits, des corps qu'ils instruisent, de l'empreinte qu'ils laissent ?

Faire parler les objets, voici ce à quoi s'emploie la revue *Techniques & Culture* depuis 1976, dans la lignée directe des travaux de Marcel Mauss, André Leroi-Gourhan et Henri-Georges Haudricourt. Cet héritage est aujourd'hui porté par les travaux de jeunes chercheurs et chercheuses, qui déploient un champ de recherches d'une rare richesse.

La série « La vie des choses », partenariat entre la revue et la collection Carnets Parallèles, est née du désir de rendre ces réflexions accessibles à un large public. Elle propose au lecteur de regarder toutes ces choses supposément inertes qui l'entourent, comme si c'était la première fois.

Techniques & culture

La revue *Techniques & Culture* est publiée aux Éditions de l'EHESS.

ISBN : 978-2-85061-111-7
ISSN : 2781-6230

www.premierparallele.fr

Mikaëla Le Meur

LE MYTHE DU RECYCLAGE

Illustrations de l'auteure

Premier Parallèle

Aux grands-mères et aux mères,
aux tantes et aux sœurs,
à leurs filles.

En mémoire de Sandrine Musso.

« Chiffon fait papier,
Papier fait argent,
Argent fait banquier,
Banquier fait crédit,
Crédit fait mendiant,
Mendiant fait chiffon,
Chiffon fait papier. »
Comptine du XVIIIe siècle

Abbaye de Saint-Pons, Provence

Je suis docteure en anthropologie depuis dix jours exactement. La soutenance a eu lieu à l'Université libre de Bruxelles, au beau milieu du mois de janvier. Il faisait froid. Une fine pellicule de neige avait même persisté quelques heures sur la pelouse des parcs. Avec mes complices venus comme moi en Belgique pour l'événement, j'avais mis un peu trop d'énergie dans la préparation d'un pot de thèse presque « zéro déchet », mais pas très couleur locale : transport de bons produits bretons en conserve, de pain frais et de navettes marseillaises, achat *in extremis* de dizaines de verres de seconde main (en verre) aux Petits Riens d'Ixelles, récupération de vieux et jolis plateaux, corbeilles et autres lots de serviettes en tissus dépareillés dans les stocks maternels. Il fallait aller jusqu'au bout de la démarche, dans un monde académique où l'immense majorité des buffets de conférences

– y compris sur les questions environnementales – se solde par des poubelles remplies de gobelets, d'emballages plastiques, d'assiettes et de couverts jetables. Adoubée spécialiste de notre relation aux ordures par mes pairs, j'endosse une forme de responsabilité à mettre en cohérence ma pensée et mes actes, même les plus petits. Avant de se confronter à la saveur si particulière de l'andouille de Guémené accompagnée d'une lampée de cidre artisanal brut, le jury semblait en tout cas avoir été stimulé par mon travail de recherche sur les déchets, les matières plastiques et les transformations écologiques au Vietnam, ainsi que par mes réflexions sur les « plasti-cités » : une expression qui me permet d'évoquer aussi bien les petites et moyennes villes où j'ai enquêté – mon terrain – qu'une propriété fondamentale des matériaux qui m'ont intéressée. Je reconnais avoir le goût des bons mots, mais au-delà de l'amusement et de la forme, je crois qu'ils sont au fondement des sciences sociales : la justesse des termes et des formules nous aide à être précis dans la description, à clarifier nos analyses et à nous faire comprendre. Restituer une recherche impose d'être parlant. Évoquer et expliquer, toucher et questionner. Tout cela passe par le langage.

De retour à Marseille avec mon doctorat en poche, je participe à un atelier d'écriture sonore organisé par mon laboratoire de recherche et hébergé dans les combles de la Vieille Charité, ancien hospice du quartier historique du Panier. Je m'étais inscrite avec envie au moment du dépôt de la thèse : j'envisageais le son comme une évasion. Au sein du petit groupe, Sandrine devient ma compagne d'exploration. Anthropologue également, elle est enseignante-chercheuse à l'université depuis plusieurs années. Au Vietnam, je l'aurais appelée grande sœur – *chị*. Nous partageons notre inquiétude face à l'effondrement des immeubles de la rue d'Aubagne, qui a fait huit victimes le 5 novembre 2018 et entraîné une épidémie d'arrêtés de péril imminent dans la ville, délogeant ainsi de nombreuses personnes. Nous ne savons pas encore, à ce stade, que nous allons enquêter ensemble sur les suites de ce drame qui nous a marquées en tant que Marseillaises et en tant que chercheuses. Malgré ces discussions soucieuses, notre rencontre en cette période de mistral froid et étourdissant est ponctuée de rires sonores. Nous avançons de concert dans les ruelles sifflantes du quartier, à moitié gentrifié, à moitié déglingué, à la rencontre des choses et des êtres qui parlent à notre micro et résonnent dans nos casques. Sur une place, Jean-Pierre accepte un court entretien. Il est employé au service propreté de la ville de Marseille et c'est l'heure pour lui d'aller pointer. En quelques minutes, ce travailleur des déchets à l'accent provençal nous offre une matière phonique pleine de finesse, de lucidité et de poésie. Le vent autour de nous a libéré l'analyse réflexive et la critique ordinaire : nous enregistrons les fragments d'une philosophie de la rue.

Ses paroles produisent des images simples et claires pour décrire le paysage urbain dégradé que Sandrine et moi fréquentons au quotidien : « Tant qu'il y aura des bacs qui déborderont les jours de vent, tout s'envolera ! » Jean-Pierre nous décrit les « tempêtes de papiers » marseillaises avec dépit, ajoutant les plastiques au tableau : « Vous trouvez des sacs dans les arbres… » Certains Marseillais ont même fait de cette image du sac plastique capturé par les branchages un symbole, comme en témoigne le logo de la Bière de la Plaine, une brasserie artisanale bien connue des amateurs de terrasses dans la cité phocéenne. Sur la capsule métallique, l'arbre en ombres chinoises orné de sacs polymères flottant dans l'air marque l'esprit et fait réfléchir : fait-il partie de l'identité de la ville ? Le fait de poser un regard esthétique sur ces stigmates de la pollution environnementale questionne. Il témoigne en tout cas d'une sensibilité à la « vitalité matérielle » et au « pouvoir des choses »[1], qui, loin d'être inanimées, produisent sur les humains des effets, en premier lieu celui de nous « forcer à penser[2] ». Une scène du film *American Beauty* sorti en 1999 et réalisé par Sam Mendes illustre cette idée : un jeune homme nommé Ricky montre à sa voisine Jane une vidéo où l'on voit un sac plastique blanc tourbillonnant parmi des feuilles mortes sur un trottoir bordé d'un mur en briques. Personnage romantique porté par cette scène à la musique vibrante qui scelle le début d'une histoire d'amour, il déclare à la jeune femme que le sac plastique est « la plus belle chose [qu'il ait] jamais filmée », tentant de la convaincre qu'il y a « une vie derrière les choses ». Par un jeu de mise en abyme des différentes échelles de regard sur l'objet – dans la scène de rue, sur la cassette vidéo de Ricky, dans le regard compréhensif de Jane, puis dans le film *American*

1. Jane Bennett, *Vibrant Matter. A political ecology of things*, Durham, Duke University Press, 2010.

2. Je reprends ici l'expression d'Isabelle Stengers dans l'ouvrage collectif : Bruce Braun et Sarah J. Whatmore (dir.), *Political Matter. Technoscience, Democracy, and Public Life*, Minneapolis/Londres, University of Minnesota Press, 2010.

Beauty projeté devant nos yeux –, le réalisateur cherche à nous transmettre une manière sensible de voir le monde, une attention aux choses ordinaires, banales et insignifiantes, peut-être même vulgaires, comme un sac plastique. Au-delà des apparences, il s'agirait de « regarder de plus près » *(look closer)*, comme le répète la bande-annonce du film.

Si la danse des sacs plastiques dans le vent peut éveiller une sensibilité poétique, Jean-Pierre n'est quant à lui pas très fier de ces bennes à ordures dont s'échappent par grappes les billes blanches et légères des planches de polystyrène les jours de mistral. Il nous raconte comment les problèmes liés au ramassage des ordures dans la ville de Marseille s'intègrent dans un « climat politique » et qu'il n'est pas simple de décrire concrètement « les mille sources » de défaillance de la gestion municipale des déchets. En tant qu'employé en charge de la propreté, il est un maillon de ce système souvent décrié, mais semble accablé sous son poids. Proche de la retraite, qui s'annonce faible, il est inquiet : « On cotise, on cotise, on cotise, on se dit qu'on va avoir ça et puis, à la fin, on n'a rien quand même. [...] De toute façon, j'ai rarement vu une ville de misérables être vraiment propre. Si les gens

sont dans la misère, en général, ça suit. [...] Le népotisme, la corruption, la pauvreté, tout ça vit ensemble. La saleté, la maladie, enfin bon... »
Partis des sacs plastiques et des « tempêtes de papiers », nous écoutons notre interlocuteur évoquer des sujets épineux, sensibles eux aussi, qui font la vie de la cité : les déchets dispersés par le vent se révèlent être des matières politiques[3]. L'expérience du dégoût peut aussi faire naître le sentiment d'injustice.

Cette petite scène de rue marseillaise me replonge dans les enquêtes de terrain que j'ai menées entre 2011 et 2018 auprès des travailleuses et des travailleurs des déchets et du recyclage au Vietnam, et réactive mon analyse de notre rapport aux matières et aux objets déchus, comme le sac plastique s'échappant dans l'air ou pris dans les branches des arbres. Je repense alors à la paysanne vietnamienne, rencontrée au printemps 2014 dans les environs de Hanoï avec mon interprète de l'époque. Chaussée de bottes en caoutchouc et debout sur une benne à ordures remplie à ras bord, elle éventrait un à un des sacs plastiques contenant des poubelles de cuisine ou de lieux d'aisances à l'aide de sa serpe.

---

3. Bruce Braun et Sarah J. Whatmore, *op. cit.*

Ces lambeaux de films polymères souillés remplissaient progressivement son baluchon, avant qu'elle ne les vende à des acheteurs des environs. Les humains, comme les sacs plastiques, ont ailleurs une autre vie. Mais ces vies parallèles ne sont pas si étrangères les unes aux autres, car s'il y a un marché local pour la récupération des sacs plastiques, c'est que cette matière voyageuse vient de loin pour être recyclée dans la banlieue de la capitale vietnamienne.

J'ai notamment enquêté dans un de ces villages du nord du Vietnam qui se sont spécialisés ces dernières décennies dans le recyclage de plastiques issus des échanges mondialisés. Là-bas à Minh Khai, dans la commune de Như Quỳnh, environ 1 000 tonnes de conteneurs de déchets sont déballées chaque jour pour être transformées dans des usines artisanales, une activité qui mobilise plus d'une dizaine de milliers de personnes, aux métiers, fonctions et statuts variés[4]. Dans ce village plastique, où l'on voit s'amonceler des tas d'ordures devant chaque grille de maison, sur chaque terrain vague, s'actualise ce que j'appelle le *mythe du recyclage* : une

4. Je reprends ici les estimations chiffrées des journalistes de la télévision vietnamienne (sujet du 8 mai 2018).

idée ancienne devenue symbole de l'ère industrielle, depuis l'adoption massive du célèbre logo. Élaboré en 1970 par l'ingénieur américain Gary Anderson dans le cadre d'un concours organisé par la Container Corporation of America (CCA), son graphisme a été sélectionné pour marquer d'un sceau les cartons de transport remplis de papiers usagés, puis il s'est répandu partout dans le monde.

Le recyclage est une histoire que l'on se raconte depuis que l'humain observe et interagit avec les mouvements de la nature ; il repose sur le principe que les choses et les matières déchues pourraient être transformées, de manière quasiment perpétuelle, en objets de valeur – voire en argent sonnant et trébuchant, si on l'associe au désir des alchimistes de changer le plomb en or. Ce mythe est à la fois matériel et social, technique et culturel, car il implique un récit sur les transformations des matériaux autant que sur les transformations des rapports humains au sein de la société. La valorisation des choses irait ainsi de pair avec la valorisation des individus engagés dans la récupération et la transformation de la matière, comme les chiffonniers de Paris, pour lesquels le déchet a pu être considéré, au XIXe siècle, comme une subvention destinée à lutter contre la pauvreté[5]. De nos jours, de nombreuses ressourceries et recycleries sont intimement liées à des dispositifs d'insertion par le travail. Si les questions se déplacent lorsque l'on parle des filières industrielles et de la grande distribution, les petits gestes de la vie ordinaire – parmi lesquels l'achat et la consommation – deviendraient les moteurs d'un changement de société lorsque nous nous équipons de baskets en plastique recyclé. Outre une métamorphose des objets, la promotion du recyclage promet en effet une protection de l'environnement, depuis les rues de nos villes jusqu'aux océans, associée à l'amélioration des conditions de vie des humains, et s'inscrit dans un projet écologique et politique. Mes enquêtes auprès des recycleurs et des recycleuses du plastique au Vietnam m'ont permis de déconstruire ce récit idéal.

Dans le village vietnamien de Minh Khai, l'un des six hameaux qui composent la commune de Như Quỳnh, j'ai observé l'enchevêtrement des

5. Linda Gonzalez-Lafaysse, « La récupération des déchets… à la croisée d'enjeux politiques, moraux, sociétaux », *in* Nathalie Ortar et Elisabeth Anstett (dir.), *Jeux de pouvoir dans nos poubelles. Économies morales et politiques du recyclage au tournant du XXIe siècle*, Paris, Éditions Petra, 2017, p. 95-114.

filières du plastique et constaté la complexité des agencements entre les humains, les machines et les matières. Les trois flèches vertes du logo sont incapables de rendre compte des multiples imbrications que la mise en œuvre concrète de ce recyclage à la fois local, globalisé et très éloigné des intentions écologiques engendre. Seul un récit d'enquête me semble capable de mettre le mythe à l'épreuve du réel, afin de raconter une autre histoire, dans laquelle les personnes, comme les choses, peuvent retrouver une place.

En faisant ce récit de mes recherches sur les parcours matériels et la vie des choses – des emballages et sacs plastiques – dans ce village vietnamien aussi éloigné que connecté, je souhaite également relier l'ici avec l'ailleurs et montrer que nous sommes construits par des relations à la fois distantes et intimes avec les autres êtres, qu'ils soient humains ou non humains. J'espère ainsi faire résonner les expériences ordinaires et interroger notre rapport quotidien aux déchets, au recyclage et à la plasticité.

BOÎTE NOIRE

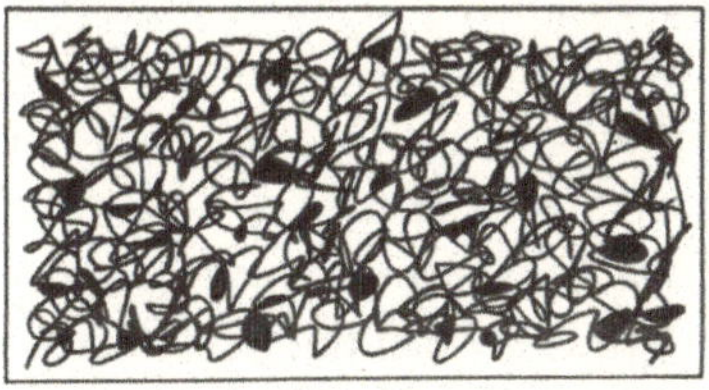

Dans deux jours, mon avion décollera de l'aéroport de Hanoï et clôturera six mois d'une recherche au lourd bilan carbone, que la lecture des anthropologues postmodernes m'aidera plus tard à qualifier de « terrain multi-situé ». En triant les affaires qui resteront sur place jusqu'à mon prochain séjour ou qui rempliront mes bagages, je photographie les pages les plus importantes de mes carnets de terrain concernant le village des recycleurs de Minh Khai et les sauvegarde en ligne, « au cas où » un contrôle à la frontière me dépouillerait de mes précieux résultats. *Je détiens des informations sensibles.* En tout cas, elles me pèsent. Mes déboires bureaucratiques, tout comme les contrôles policiers subis lors de ces dernières semaines d'enquête en République socialiste du Vietnam, m'ont rendue anxieuse. Je sais, car j'en ai fait l'expérience, que la police surveille les activités des chercheuses et des chercheurs étrangers, et qu'une cellule du parti communiste au sein de l'université vérifie la probité intellectuelle – comprendre « la compatibilité avec le régime » – de mes collègues vietnamiens. J'ai senti que ma quête de la vérité au sujet du devenir des déchets et des matières plastiques pouvait les inquiéter, et les soutiens se sont faits de plus en plus distants au fil de mon séjour. Malgré l'obtention inespérée d'un visa B1, réservé aux « personnes qui entrent au Vietnam pour travailler avec la Cour populaire suprême, les ministères [...] les comités populaires des provinces ou des villes gérées de manière centralisée et les organisations de masse », j'ai la sensation que ma recherche n'est pas la bienvenue. Entre les au revoir aux compagnons de la résidence universitaire et le repas de départ avec les collègues du département de sociologie – lors duquel une arête de poisson s'est nichée dans ma gorge pour m'offrir une ultime « expérience anthropologique » (extraction sous anesthésie locale à l'hôpital du district) –, j'ai réussi à réserver une journée pour retourner une dernière fois à Như Quỳnh, la « ville poubelle » où j'enquête avec mon interprète Snow depuis le début du printemps.

Le bus nous arrête le long de la nationale 5 qui va jusqu'au port de Haiphong. À pied, nous franchissons le portique de bienvenue installé par le comité populaire, traversons le petit pont qui enjambe le canal, passons à côté de l'usine d'embouteillage d'eau purifiée *La Vie* et remontons la route. Avant la fourche qui sépare la commune en deux avec à gauche, le village de Minh Khai et la nouvelle zone artisanale, et à droite, le chemin de la pagode, de la rivière et le village de Ngô Xuyên, nous rencontrons un homme installé sur le bas-côté. L'écriteau sous lequel il s'affaire dit « achat vente de ferraille[6] », mais c'est un carton rempli de papiers usagés qui concentre son attention. Assis par terre, le dos courbé, il y plonge son regard et ses mains. Il semble réfléchir. Snow

6. En vietnamien : *Mua bán sắt vụn.*

et moi le saluons, expliquons la raison de notre déambulation et engageons la conversation avec lui. Cela fait un an que ce paysan originaire de la banlieue de Hanoï, qui a un temps vendu des pots en céramique, vient travailler ici pour un revenu moyen de 200 euros par mois (5 à 6 millions de VND, *đồng* vietnamien). Sur mon carnet, je note aussi « T-shirt mille fois recousu et encore troué ». Le carton qui attire notre regard à tous les trois – tout comme l'objectif de mon appareil photo – fait partie du chargement d'un camion arrivé le matin même. Devant le petit entrepôt bâti de planches et de tôles, l'homme en trie patiemment le contenu dans la perspective d'une revente au meilleur prix. Ici, il y a un marché pour ce type de matières.

Nous sommes le 3 juillet 2014 en début de matinée. Il fait chaud et humide, et cela fait plusieurs semaines que je collecte des informations sur l'origine et la destination des déchets amoncelés au bord des routes de la commune. Comme dans d'autres villes du pays, on y trouve des accumulations de ferraille, de cartons, de bidons, de bouteilles en verre, d'emballages et d'objets en fin de vie stockés devant les rideaux de fer caractéristiques des maisons vietnamiennes. Mais ici, il y a des tas partout : le long des canaux, près des rizières et des champs de liseron d'eau *(rau muống)*, sur les toitures en tôle des entrepôts de fortune, au pied des bananiers et même dans la cour des pavillons. Dans cette zone périphérique de Hanoï, où s'entremêlent les activités agricoles, artisanales et industrielles dans un tissu d'habitat dense typique du delta du fleuve Rouge, tous les habitants semblent investis dans la récupération et le recyclage. L'autre chose qui me frappe, ce sont ces tas de déchets inhabituels, que je n'avais jamais vus durant mes enquêtes précédentes dans le centre et le sud du pays, et qui envahissent les bas-côtés des routes et les friches à mesure que l'on se rapproche du village de recycleurs de Minh Khai, qui s'est spécialisé dans la transformation du plastique. Il s'agit d'amas de sacs, films et autres emballages plastiques usagés allant du blanc sale à des couleurs variées et dont la provenance est difficile à déterminer. Toutefois leur forme – des balles compressées pesant plusieurs tonnes – raconte une histoire de long voyage maritime par conteneur.

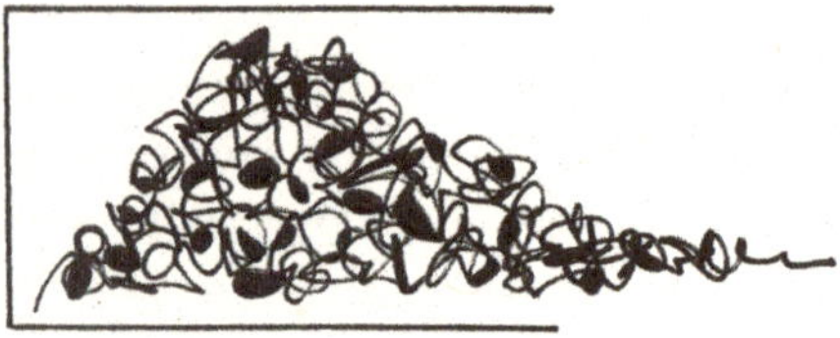

Dans le carton qui monopolise l'attention de cet homme assis en tailleur au milieu de ces montagnes de détritus, principalement plastiques, ce sont des papiers qui me parlent : ils sont en anglais. La compréhension est immédiate ; cette langue m'est toujours plus familière que le vietnamien – langue tonale qui, malgré son ancienne transcription en alphabet latin, reste pour moi délicate à l'écrit comme à l'oral. L'anglais est notre outil de travail avec Snow, une étudiante vietnamienne en économie, qui a accepté de m'accompagner dans mes enquêtes et de se former au métier d'interprète *free-lance* à mes côtés. Quand je lui ai proposé cette mission, elle a sauté de joie, ravie de pouvoir pratiquer la langue des pays dans lesquels elle aimerait habiter. Elle a déjà adapté son nom au monde anglo-saxon : « *My name is Tuyết, but call me Snow!* » Coiffée d'un chapeau en tissu à bords larges, vêtue de manches longues et d'un pantalon moulant, le visage caché par un masque en tissu coloré la protégeant du soleil, de la poussière et, elle l'espère, de toutes les sortes de pollutions auxquelles la vie à Hanoï l'expose, cette fille de paysans venue du Nord fait fondre toutes les glaces avec sa petite voix, chaleureuse et énergique. Mais surtout : elle n'a « pas peur de la police », « pas peur des déchets ».

Penchées au-dessus du carton de l'homme, Snow et moi examinons les papiers venus d'ailleurs : factures d'électricité, magazines sportifs faisant état des hauts faits des rugbymen pendant le match du week-end, journaux d'actualité locale et internationale, programmes culturels et autres invitations à des cocktails. Ils datent tous de la fin de l'hiver 2013, plus d'une année auparavant, et une phrase visible sur la double page d'un magazine publicitaire nous permet de reconstituer leur itinéraire : voici « le meilleur endroit pour explorer vos racines irlandaises ». En face de la photographie d'un groupe de musique traditionnelle celtique programmé pour un concert à Dublin le 15 mars de l'année précédente, c'est un service de recherches généalogiques et ADN en ligne qui propose de « retrouver son passé ».

Il m'est difficile de me remémorer les pensées et les sensations exactes que cette rencontre inattendue avec des ordures venues d'Irlande a provoquées sur le moment, et le petit carnet qui m'accompagnait lors des entretiens offre peu de détails. Cette journée de travail n'a pas non plus fait l'objet d'une séance d'écriture vespérale dans le cahier dédié aux récits, au sein duquel j'avais pris l'habitude de raconter mes aventures de la journée, laissant parfois la place à l'expression de mes états d'âme. Mon retour en Europe étant imminent, l'immersion ethnographique et ses tourments faisaient progressivement place au détachement. Du côté de mes carnets de terrain numériques, aucun enregistrement sonore ne vient non plus singulariser l'événement. Je retrouve simplement plusieurs photographies prises en plongée sur le carton de papiers et offrant de nombreux détails, à étudier plus tard. Saturée d'informations que j'avais recueillies sur les circulations matérielles des déchets dans la commune de Như Quỳnh, qui abrite le village de recycleurs de Minh Khai, et encombrée par ce carton de *papiers* sales, qui ne rentrait pas dans ma reconstitution des « vies sociales » et environnementales des matières *plastiques*[7], je ne savais pas quoi faire de cette révélation.

7. J'ajoute la dimension environnementale au projet fondateur d'Arjun Appadurai et de ses collègues visant

Jusque-là, en effet, il fallait « croire » sur parole les paysannes-trieuses, les ouvriers-recycleurs et les entrepreneurs-négociants qui affirmaient que les déchets envahissant la commune de Như Quỳnh et transformés dans le village de Minh Khai venaient du monde entier. Ainsi, après avoir déroulé une liste de pays en tête du classement international en termes de PIB (Produit intérieur brut, indicateur privilégié de la richesse des nations), un interlocuteur croisé sur le bas-côté – lui aussi – s'était exclamé : « Ça vient sûrement même de chez vous ! » Il avait profité de notre échange près de sa remorque débordante de ballots de films plastiques, qui venait de chavirer de tout son poids dans un virage, pour me proposer, sur un ton mi-blagueur mi-sérieux, de reconvertir ma recherche en négoce de déchets à recycler entre la France et le Vietnam. Maîtriser l'anglais était une compétence hautement valorisable, avait-il ajouté à l'attention de Snow.

Rarement couverts d'inscriptions, les films en polyéthylène (la matière plastique la plus présente) ne dévoilent pas facilement leurs origines.

à observer la « vie sociale des choses ». Arjun Appadurai (dir.), *The Social Life of Things: Commodities in Cultural Perspective*, Cambridge, Cambridge University Press, 1986.

Clairs, foncés, unis, bariolés, translucides ou opaques, ils ne racontent pas grand-chose. Ou plutôt, il faut démêler leur histoire, qui n'est pas aussi limpide que celle des papiers du carton. J'avais bien trouvé quelques indices au détour des rues, sur des sacs en toile synthétique tissée contenant des plastiques fondus en agrégats durs et distordus : on pouvait y lire les noms de grands groupes industriels occidentaux et asiatiques engagés dans le marché et la transformation du plastique – Kolon Plastics, BASF, Perrite, Samsung, Lotte Infino, etc. Mais je savais que ces groupes tentaculaires délocalisaient massivement leur production, tout comme la gestion de leur rebut (les agrégats de plastique étaient probablement issus de centres de démantèlement de déchets électroniques), ce qui pouvait impliquer que les matières se soient « échappées » de l'une de leurs innombrables filiales. L'origine pleinement mondialisée des déchets, c'est-à-dire impliquant directement des pays « du Nord », restait donc une hypothèse solide, sans que j'en aie la preuve tangible.
Pour l'étayer, je multipliais les entretiens et croisais les sources, mais cette insistance indisposait certains, qui ne voyaient pas l'enquête d'un bon œil. À l'entrée du village des recycleurs, des individus accompagnés de chiens agressifs nous

avaient un jour menacées verbalement, nous imposant de faire demi-tour. Lors d'une convocation au comité populaire où l'on me demandait de produire mes autorisations de recherche, des fonctionnaires m'avaient exhortée à revoir mes méthodes de travail, jugées trop imprévisibles. Or la démarche empirique propre aux sciences sociales vise à cultiver cette disponibilité à la surprise, à la sérendipité[8]. Pour les bureaucrates, au contraire, il aurait fallu que je déclare à l'avance le nom de mes enquêtés aux autorités, qui les auraient ainsi recensés. J'aurais également dû employer une interprète officielle, recommandée par l'université et habituée des institutions, et non une étudiante n'ayant de comptes à rendre qu'à elle-même. Dans la rue, notre duo déambulant au gré des rencontres était donc parfois mal accueilli, et, de temps à autres, des policiers nous criaient depuis leur scooter : « Vous n'avez rien à faire ici ! » Dans ce climat désagréable, certains de nos interlocuteurs jusque-là accueillants se ravisaient et refusaient de nous parler.

8. Jean-Louis Genard et Marta Roca i Escoda, « Le rôle de la surprise dans l'activité de recherche et son statut épistémologique », *SociologieS*, mis en ligne le 19 novembre 2013.

Les tentatives des autorités de la commune et du district pour contrôler les informations relatives au village de recycleurs ne résistaient pourtant pas aux débordements de déchets et de paroles. Travailleuses et travailleurs, habitantes critiques, visiteurs dégoûtés, toutes et tous saisissaient l'occasion d'une rencontre avec une anthropologue et son interprète pour délier leur langue. Même si elles risquaient de « menacer la sécurité de l'État », comme certains habitants ou fonctionnaires zélés nous le répétaient de manière insistante, ces informations sensibles pesaient trop lourd, tout comme les amas d'ordures se voyaient trop. Et d'ailleurs, quel mal y avait-il à ce que cela se sache ? Qu'avait-on à cacher qui ne se voie déjà ? Certaines personnes ne souhaitaient pas en parler ou fermaient les yeux, mais d'autres les gardaient grands ouverts et cherchaient même à rendre la situation encore plus visible : montrer, ouvrir les portes et les grilles, déballer les conteneurs et les cartons. Accueillies avec fierté – « Entrez dans la cour de ma maison, regardez ce que nous y faisons ! » – ou discrétion – « Venez à l'intérieur quelques minutes, on pourra discuter un peu avant le retour du patron » –, nous ne sommes jamais entrées par effraction. Il y a toujours eu quelqu'un pour nous inviter à jeter un œil dans la boîte noire.

Dans le carton rempli de papiers sales du paysan vietnamien, la preuve matérielle s'expose et les mots se mélangent aux choses : tout est vu, tout est dit. On peut même toucher. Il n'est nul besoin d'élaborer des couches interprétatives. Les « racines » de la poubelle s'offrent au grand jour. Elles sont irlandaises. Il s'agit aussi de déchets ménagers : hétéroclites, dépareillés et souillés, ces papiers et journaux ressemblent en tout point (à ceci près qu'ils sont en anglais) à ceux du cabas que je sors vider chaque semaine dans le bac de tri du coin de la rue. Ce qui arrive via le port – plastiques, papiers, cartons… – n'est donc pas « uniquement » composé de rebuts de l'industrie, comme certaines sources tendaient jusque-là à me le faire penser. Si les ouvrières chargées du tri du contenu des conteneurs se plaignaient souvent des odeurs et de la saleté, des gérants d'usines affirmaient quant à eux que les amas de plastiques et autres matériaux à recycler n'étaient pas des déchets, mais de simples matières premières. Probablement une manière de minimiser les enjeux, de requalifier leur commerce en quelque chose de sérieux, et de refermer une porte marquée

du sceau de la norme et de la qualité industrielle – ISO et quelques milliers – sur ce dévoilement de la démesure du commerce international des déchets.

Ces matières ne sont pas « propres » ni même « presque propres » – c'est-à-dire blanches « à 80 % », comme le disent certaines annonces de vente de cargaisons de sacs et films plastiques usagés sur le site internet Alibaba.com, fondé par l'homme d'affaires chinois Jack Ma. Elles sont sorties d'entrepôts qui les ont formées, pressées, emballées. Elles ont été commercialisées et distribuées largement. Elles sont passées dans une multitude de mains et de contenants. Elles ont été utilisées et elles ont été jetées. Certaines sont d'ailleurs des déchets « *post-use* », comme le disent les professionnels du secteur du recyclage pour les distinguer des résidus, plus nobles, qui ne seraient pas passés par nos poubelles. Outre le tri des matériaux selon des classifications variables dans l'espace et le temps, il existe en effet plusieurs circuits de collecte des ordures (entreprises, administrations, ménages, etc.), et ces vies parallèles produisent des matières de qualités différentes. Ce qui les relie cependant, c'est cette chute. Tombées, abandonnées, elles perdent leur valeur. L'anthropologue britannique

Mary Douglas aurait probablement ajouté que, par effet de système, elles sont marquées du sceau de l'impureté, si ce n'est du danger[9] – même si le qualificatif de « dangereux » n'est attribué, du point de vue des normes légales, techniques et gestionnaires, qu'à certaines matières spécifiques (déchets nucléaires, chimiques…) et que celles qui nous occupent en sont exclues. Quoi qu'il en soit, ces matières sales dérangent. Elles ne trouvent pas de place dans l'ordre normal des choses et produisent une pollution à la fois physique et symbolique – une souillure, synonyme de désordre. Il s'agit bien de choses déchues, et

9. Abondamment citée dans les études sur les déchets pour s'être penchée très tôt sur la question de la pollution, Mary Douglas a montré que la souillure n'existe qu'en référence à un ordonnancement particulier des choses, mêlant différents systèmes de valeurs, spirituels, politiques, moraux. Si les catégories du pur et de l'impur permettent d'organiser ces systèmes, la souillure, une circulation inadéquate d'éléments entre ces deux catégories, peut être alors vue comme « quelque chose qui n'est pas à sa place », mais également comme un danger. Dans la traduction du titre de l'ouvrage de Mary Douglas en français, la notion de danger a pourtant disparu. *Purity and Danger: An Analysis of Concepts of Pollution and Taboo* a été traduit par *De la souillure : essai sur les notions de pollution et de tabou* (La Découverte, 1992 [1967]).

aucune opération de tri, de reconditionnement ou de purification, encore moins linguistique – comme la requalification commerciale des déchets en « matières premières secondaires » dans les flux mondialisés –, ne peut faire oublier leur déchéance, même passagère.
Georges Bataille parlait de « part maudite » pour qualifier l'excédent d'énergie ou de matière produit par l'économie générale et dont les sociétés humaines chercheraient des voies de « consumation »[10]. Il y a peut-être effectivement dans cette accumulation d'ordures une forme de malédiction. En tout cas, d'un point de vue humain et pas seulement matériel, heurs et malheurs sont inégalement répartis entre les protagonistes de l'histoire. « C'est la roue de la Fortune », m'avait résumé une revendeuse de déchets recyclables du Centre Vietnam en 2016[11], dont les revenus,

10. Georges Bataille, *La Part maudite*, Paris, Éditions de Minuit, 2014 [1949].

11. Le territoire vietnamien est divisé en trois grandes régions : le Nord (*Bắc Bộ* : depuis les montagnes traversées par le fleuve Rouge et ses affluents jusqu'au delta, en passant par Hanoï), le Sud (*Nam Bộ* : avec le delta du Mékong, où s'est développée Hô Chi Minh-Ville) et le Centre (*Trung Bộ* : une longue bande de terre qui relie ces deux grands pôles métropolitains). Moins densément

déjà faibles, dépendaient des aléas du marché et des cours des matières premières de référence. Intimement liées à des enjeux de pouvoir, ces inégalités des chances et des faits face aux déchets – quand certains s'en débarrassent, d'autres doivent faire avec – se distribuent à toutes les échelles, de la plus globale à la plus locale, et génèrent des conflits.

Jusque dans l'intimité des maisons, européennes ou asiatiques, on observe une division des tâches dans la gestion du sale et du propre, en fonction, le plus souvent, de logiques de genre. La part maudite de la saleté résiduelle devient ainsi une « charge mentale domestique », pour reprendre une expression forgée par la sociologue Monique Haicault, qui décrivait dans les années 1980 « la gestion ordinaire de la vie en deux » des ouvrières-ménagères submergées par leur double journée de travail et luttant « contre l'imposition du Propre Total » à la maison[12]. On pourrait en

peuplée, elle est bordée par la mer de l'Est (*Biển Đông* en vietnamien, que nous connaissons aussi sous le nom de mer de Chine méridionale) et composée de plaines et de hauts plateaux. Entre 2011 et 2018, j'ai enquêté dans plusieurs provinces centrales, essentiellement côtières.

12. Monique Haicault, « La gestion ordinaire de la vie en deux », *Sociologie du travail*, vol. 26-3, 1984, p. 268-277.

effet voir dans le foyer l'un des premiers lieux où s'opèrent conjointement la séparation des choses – objets d'une part, déchets de l'autre – et la division du travail. Cette *répartition des matières* peut d'ailleurs s'entendre dans le double sens du mot : il y a bien sûr de la matière physique (substances, matériaux), mais également de la matière conceptuelle, une division langagière du monde en domaines et en secteurs d'activité, en champs de compétence ou en sujets de discorde. À débat, il y a souvent matière, car si le terme est synonyme à la fois d'objet et de sujet, la matière est profondément politique et trouverait toute sa place dans « le parlement des choses[13] ». En rematérialisant le politique, trop souvent réduit à la sphère des idées[14], il serait plus aisé de relier les « deux gouvernements » que sont la famille et la cité[15], bien que ce continuum entre espaces privés et espaces publics se déploie tout en nuances au Vietnam, en France ou à travers le monde. Décrire le chemin des ordures, identifier les mains (petites et

13. Bruno Latour, « Esquisse d'un Parlement des choses », *Écologie & politique*, n° 56, 2018, p. 47-64.

14. Braun et Whatmore, *op. cit.*

15. Geneviève Fraisse, *Les Deux Gouvernements : la famille et la Cité*, Paris, Gallimard, 2001.

grandes, visibles et invisibles) qui les manipulent et les seuils qu'elles franchissent nous renseignent sur les jeux de pouvoir[16], les enjeux sociaux et les luttes qui peuvent en émerger. Les poubelles du foyer deviennent ainsi un problème public lorsqu'une grève du ramassage en rend visibles les amoncellements. Inversement, on peut voir dans « le tri à la source » et les injonctions aux « petits gestes en faveur de l'environnement » une incursion des politiques de gestion des déchets dans l'intimité et le quotidien des individus. Outre la manifestation des échanges globalisés inégaux, c'est donc une affaire politique qui émerge du carton de papiers sales irlandais arrivé dans les petites mains trieuses du paysan vietnamien.

Cette dimension politique de notre relation à la matière et aux déchets, les autorités vietnamiennes lui donnent corps, et même une autre portée, en considérant qu'une enquête comme la mienne sur l'origine et la destination des amoncellements d'ordures est susceptible de menacer la sécurité de la nation. Nous sommes dans un régime socialiste autoritaire (le pays est 175e sur 180 dans le classement mondial de la liberté de la presse 2020 de Reporters sans frontières), où

16. Nathalie Ortar et Élisabeth Anstett (dir.), *op. cit.*

le discours officiel construit une société idéalisée. La simple évocation d'un aspect refoulé du réel – sans même parler de la formulation d'une quelconque critique – constitue dans ce contexte une « parole créatrice, qui fait exister ce qu'elle énonce[17] ». Dire quelque chose de la matière, c'est, simultanément, faire exister les questions et les problèmes associés. De la même manière, observer devient synonyme de montrer, et regarder *rend visible.* Alors que les autorités locales et nationales tentent de préserver une « bonne image » du pays de l'Oncle Hô, toute perspective alternative, toute représentation divergente, en somme, tout point de vue dissident sur ce qui a été invisibilisé est considéré comme dangereux. Aussi, la neutralisation des discours sur le réel, où tout serait « normal », « sans problème », est habituelle au Vietnam et se traduit par une grande majorité de réponses très positives ou très courtes lors des entretiens de recherche[18]. À Minh Khai

17. Je reprends ici Pierre Bourdieu dans son ouvrage philosophique sur la fonction sociale du langage. Pierre Bourdieu, *Ce que parler veut dire. L'économie des échanges linguistiques*, Paris, Fayard, 1982 (citation de la p. 21).

18. Pour analyser plus en détail les effets de ce régime autoritaire sur la pratique de l'enquête en sciences sociales, voir par exemple : Steffanie Scott, Fiona Miller et Kate

et dans la commune de Như Quỳnh, la critique existe bel et bien, mais elle est rendue inaudible par une multiplicité de points de pression sur la parole et sa circulation, contribuant à invisibiliser les problèmes posés par l'accumulation des ordures.

Or, cette invisibilisation – la fabrication de la boîte noire – n'est pas uniquement le fait d'un gouvernement communiste construit, rappelons-le, dans la douleur et la violence d'une guerre de décolonisation et d'indépendance. L'invisibilisation des déchets et la délocalisation des problèmes associés à leur gestion sont également produites par un système mondialisé de flux et de reflux, issu d'une longue sédimentation historique au sein de laquelle le Vietnam est souvent réduit, de manière tristement célèbre, aux conflits meurtriers qui s'y sont déroulés. Le plus connu est celui de la guerre « américaine » (j'adopte ici une perspective vietnamienne), un conflit dont

Lloyd, « Doing Fieldwork in Development Geography, Research Culture and Research Spaces in Vietnam », *Geographical Research*, 2006, n° 44(1), p. 28-40 ou Mikaëla Le Meur, « Enquêter entre interdictions et non-dits au sein d'un programme de coopération bilatérale au Vietnam : une heuristique des contretemps », *Anthropologie et Développement*, n° 40-41, 2014, p. 47-70.

on peut fixer les bornes temporelles entre 1955 et 1975, date de la « chute de Saigon » et de la fin de l'investissement massif des États-Unis au sud du pays. Le 2 juillet 1976, Nord et Sud étaient unifiés sous le nom de République socialiste du Vietnam. Ce long conflit, dont la phase la plus aiguë s'est déroulée au cœur des années 1960, s'inscrit dans une série de guerres coloniales et idéologiques avec d'autres puissances : le pouvoir colonial français de l'Indochine et le Japon impérialiste de la Seconde Guerre mondiale, puis, plus tard, les Khmers rouges du Cambodge ou encore la République populaire de Chine. Ainsi, alors qu'à l'autre bout du monde, Jean Fourastié jugeait bon de qualifier cette période de « Trente Glorieuses » (appellation nostalgique – elle date de 1979 – et pour le moins située), de la fin de la Seconde Guerre mondiale jusqu'à 1975, le Vietnam a vécu dans une forme de guerre permanente.

Cruelle ironie de ces conflits armés relançant sans cesse l'économie des pays dominant l'échiquier mondial, la guerre américaine au Vietnam a vu se développer un mode d'approvisionnement particulier : celui du conteneur. Fondé sur l'ajustement entre le transport maritime – par bateau – et le transport terrestre – par camion ou train –, il se systématise alors que la logistique d'une guerre lointaine et durable, qui engagera jusqu'à 540 000 Américains sur place en 1968[19], pose des problèmes au gouvernement des États-Unis, enlisé dans sa lutte contre l'ennemi communiste. Avant de se désengager de ce terrain hostile à de multiples égards à partir du tournant des années 1970, la puissance étatsunienne est confrontée à la difficulté de décharger des cargaisons militaires et autres ravitaillements nécessaires à la vie des troupes d'appelés – rations alimentaires, briquets métalliques ou chewing-gums[20] – dans les ports peu aménagés de la

19. Sylvia Ullmo, « La guerre du Vietnam et l'économie américaine », *in* Jean Cazemajou et Jean- Michel Lacroix (dir.), *La Guerre du Vietnam et l'opinion publique américaine (1961-1973)*, Paris, Presses de la Sorbonne Nouvelle, 1991, p. 169-187.

20. Dès la Seconde Guerre mondiale, la ration journalière des G.I. comprenait un chewing-gum. C'est d'ailleurs un ancien G.I. débarqué en Normandie en 1944 qui fonda la première société de production de chewing-gums française : Hollywood. Avant d'être fabriqués à partir d'un élastomère synthétique de qualité alimentaire, les chewing-gums étaient issus de la pâte de chicle, une invention mexicaine fabriquée à partir de sève du Yucatan. Cet exemple passionnant de substitution d'un produit végétal par les plastiques de synthèse est retracé dans un ouvrage de Michael Redclift : *Chewing gum, The Fortunes of Taste*, New York/Londres, Routledge, 2004.

côte vietnamienne. L'entrepreneur américain à succès et inventeur du « *container* » Malcom Purcell McLean, qui avait fait fortune dans le camionnage et était devenu obsédé par la guerre au Vietnam, se lance alors dans un lobbying intensif auprès du Pentagone, qui débouche, après avoir convaincu Frank Besson, un « général quatre étoiles qui commandait les opérations de ravitaillement militaire », sur la construction en 1967 de la plateforme logistique de Cam Ranh Bay, près du port de Nha Trang, actuelle destination touristique prisée du sud du Vietnam[21]. Avec l'adoption militaire de « la boîte » *(the box)*, le processus de « conteneurisation » de l'économie internationale était lancé. C'est donc au cœur d'une guerre impérialiste que le conteneur de déchets arrivé près du village de recycleurs de Minh Khai trouve ses racines plus anciennes, non plus irlandaises, mais américaines.

En prise directe avec la politique de *containment* du communisme, la croissance exponentielle du trafic maritime par conteneurs à partir des années 1960-1970 a accéléré la circulation des

21. Marc Levinson, *The Box. How the Shipping Container Made the World Smaller and the World Economy Bigger*, Oxford, Princeton University Press, 2006.

marchandises et augmenté la fluidité du capital, désormais susceptible d'être investi partout dans le monde. Cette conteneurisation du commerce international s'est d'ailleurs poursuivie en Asie dans les années 1990 et 2000, à travers une « vague chinoise » marquant l'internationalisation complète du transport maritime par conteneurs[22]. Un déplacement de l'activité productive et commerciale semble s'être opéré – l'Europe désindustrialisée parlera de délocalisations – depuis les puissances « du Nord » vers les « dragons du Sud », dont les ports occupent aujourd'hui les premières places du classement international Lloyd's List, qui mesure le volume du trafic par conteneurs. En 2020, les neuf premiers de cette liste étaient asiatiques (avec sept ports chinois), alors que le premier port européen, Rotterdam, était à la dixième place[23], juste avant Dubaï. Le Vietnam se situe quant à lui sur la principale route maritime qui relie Singapour, Hong Kong et le Japon, et si le gouvernement vietnamien a largement investi dans la construction d'infrastructures

22. David Guerrero et Jean-Paul Rodrigue, « The waves of containerization: shifts in global maritime transportation », *Journal of Transport Geography*, 2014, n° 34, p. 151-164.
23. Source : Lloyd's List 2020.

pour accueillir des conteneurs dans différents ports du pays, toutes ne fonctionnent pas encore à plein régime. Au tournant des années 2000, le taux de croissance du commerce maritime du Vietnam a toutefois atteint ses plus hautes valeurs : entre 15 % et 20 % de croissance annuelle durant la première décennie du XXIe siècle et une stabilisation autour de 10 % annuels au cours de la décennie suivante. Le pays compte désormais trois ports dans les cinquante premiers de la prestigieuse liste de la Lloyd's : Hô Chi Minh-Ville, au Sud, était classé vingt-cinquième en 2020, suivi de Haiphong au Nord et de Cai Mep, installé sur le delta du Mékong. Ils devancent chacun de très loin le premier port français, Le Havre, relégué à la soixante-neuvième place. Cette « maritimisation de l'économie vietnamienne[24] » fait directement écho à la politique de « Renouveau » du régime. Proclamée en 1986, elle devait, dès la fin de la guerre froide, enclencher le développement d'une économie de marché, sans pour autant que le gouvernement n'abandonne sa doctrine marxiste.

---

24. Voir Nathalie Fau, « La maritimisation de l'économie vietnamienne : un facteur exacerbant les conflits entre le Viêt Nam et la Chine en mer de Chine méridionale ? », *Hérodote*, 2015, n° 157, p. 39-55.

Cette libéralisation des échanges entamée au tournant des années 1990 s'est accélérée après la fin de l'embargo américain en 1994. C'est ainsi que la boîte inventée par McLean, progressivement démilitarisée et civilisée, soutenue par sa chaîne logistique déployée sur terre et mer, est devenue le symbole de l'entrée du Vietnam dans le commerce globalisé.

Si ces échanges maritimes reposent sur une optimisation de l'espace disponible sur les cargos, aucun conteneur ne saurait faire de voyage vide et, au-delà des volumes, c'est la valeur des biens qu'assurent les compagnies de transport. Selon leurs origines et leurs destinations, les boîtes – qui semblent en tout point similaires les unes aux autres – se remplissent donc de choses différentes. Que transportait par exemple le porte-conteneurs panamo-germano-taïwanais *Ever Given*, l'un des plus grands au monde avec ses 220 940,23 tonneaux de jauge brute, lorsqu'il s'est enlisé dans le canal de Suez le 23 mars 2021 ? Alors qu'il suivait sa route depuis la Malaisie vers Rotterdam, qu'allait-il embarquer dans le port hollandais et quelle devait être sa prochaine destination ? Parmi les 20 388 EVP (équivalent vingt-pieds : le plus petit conteneur) transportés par ce navire immense construit au Japon, il est hautement probable qu'il y ait eu, à un moment ou un autre, quelques chargements de matières déchues destinées à être recyclées, ailleurs. Toutefois ce n'est pas le Vietnam qui exporte ses déchets vers les pays « du Nord », mais bien l'inverse – le *made in Vietnam* est associé à d'autres choses, plus nobles (prêt-à-porter, objets et meubles de maison). En 2020, l'Union européenne a exporté 27 490 340 tonnes de déchets, une quantité qui a presque doublé depuis 2004 et qui incluait notamment des plastiques, du papier, du carton et des métaux[25]. L'éloignement géographique de nos ordures, doublé du temps long du transport maritime, participe à invisibiliser leur existence et les problèmes qu'elles causent. Pourtant, si nous écartons chaque jour de notre regard et repoussons toujours un peu plus loin la matière

25. *Eurostat* : https://ec.europa.eu/eurostat/databrowser/view/cei_srm020/default/table?lang=en

résiduelle de notre consommation ordinaire, elle n'en reste pas moins *hypervisible* dans la commune de Như Quỳnh. Arrivés au port de Haiphong par cargos depuis des destinations lointaines, les conteneurs de déchets y sont déchargés chaque jour pour être déballés, triés, vendus et recyclés dans le village de Minh Khai, où des maisons bourgeoises poussent sur des montagnes de détritus.

FILIÈRES ET FILIATIONS

Nous sommes au beau milieu du printemps, saison chaude et humide dans le nord du Vietnam. Le ciel est lourd, orageux, chargé de la pollution du trafic routier des environs de Hanoï et des fumées produites par la combustion de la paille de riz, brûlée par les paysans entre deux récoltes dans les rizières. Il fait environ 35 °C et nous marchons, Snow et moi, sur la même route que celle où nous découvrirons, quelques semaines plus tard, le carton de papiers irlandais. À la fourche, nous tournons à gauche, vers le village de Minh Khai. En face de la nouvelle zone artisanale construite à la fin des années 2000 et appelée communément « Minh Khai Hai » (c'est-à-dire Minh Khai 2), un champ abandonné accueille, en bordure de route, de hautes balles de films plastiques. Certaines portent encore tous les attributs de leur voyage en conteneur : forme parallélépipédique, cerclage régulier qui les maintient en place, homogénéité de couleurs, de matières. Parmi ces montagnes de plastique, j'en reconnais quelques-unes, qui attendent d'être déballées depuis plusieurs semaines, à l'air libre, soumises aux intempéries de la saison. À côté, des tas de ferraille rouillent lentement. Il est difficile de faire la différence entre ce qui est stocké et ce qui est abandonné.

À quelques mètres de ce paysage négligé, nous rencontrons un groupe de femmes vêtues de chemises bleues qui, debout ou accroupies sur un immense tas de plastiques, trient des lambeaux souillés de sacs et de films bleus, verts, marron, gris, noirs – certains ont été blancs. Pour protéger leur crâne et leur visage des rayonnements du soleil qui frappe cette balle de polymères éventrée, plusieurs d'entre elles portent des chapeaux coniques en feuille de latanier – *nón lá* –, typiques de la vie campagnarde vietnamienne et des travaux des champs. Elles sont relativement âgées. Nous nous approchons pour discuter. L'odeur qui émane du tas est acide et agresse nos narines. Nous échangeons les quelques phrases habituelles. J'explique que je suis française, que je mène une recherche doctorale sur le recyclage. Snow ajoute que nous nous intéressons à tous les métiers de la transformation du plastique et que nous essayons de comprendre comment tout cela fonctionne. La situation n'est pourtant pas propice à de longues palabres. Les dames sont éprouvées par leur travail, qui leur demande de se courber et de se redresser sans cesse. Intérimaires, ces paysannes sont embauchées à la journée par un entrepreneur qui leur donne pour mission de déballer, trier et remballer les plastiques souillés dix heures durant. Les chemises bleues et les gants de cuisine en latex sont fournis par la société, qui les rémunère 100 000 VND (environ 3 euros) pour leur travail journalier. Elles acceptent une photographie, mais l'une d'elles regarde l'objectif de mon appareil de manière perçante et m'apostrophe : « En France, ce genre de travail existe ?

— Non, je ne crois pas. — Alors, emmène-moi en France avec toi. »
Ces trois petites phrases échangées au milieu des plastiques méritent décryptage. D'abord parce qu'au Vietnam, on s'adresse aux personnes en fonction de notre place, relative à la leur, dans une parentèle élargie qui est projetée à toute la société. C'est pour cela qu'Hô Chi Minh est surnommé l'Oncle Hô – *Bác Hồ* –, un terme respectueux conforme à l'âge avancé du leader de l'indépendance, dont l'État communiste a cultivé la personnalité et l'image dès la fin de sa vie, alors qu'il était écarté du pouvoir par ses successeurs. Cette appellation fait de toutes les Vietnamiennes et de tous les Vietnamiens ses nièces et neveux, c'est-à-dire les parties intégrantes d'une grande famille : la nation. Les femmes du tas d'ordures avaient entre 50 et 70 ans lorsque nous les avons rencontrées Snow et moi, petite vingtaine et vingtaine avancée. Elles représentaient la génération de nos mères, voire de nos grands-mères, et leur plainte était adressée à des jeunes femmes qui auraient pu être leurs enfants. Loin de vouloir engager une longue conversation, nos tantes – *cô* – attendaient probablement une écoute empathique et de la retenue respectueuse, étant donné la situation de fragilité dans laquelle nous

les rencontrions. Les positions d'interdépendance étaient inversées : nous devions prendre soin de nos aînées.

La requête formulée par la trieuse aux yeux perçants – partir ensemble, loin de la montagne d'ordures – fait également écho à d'autres paroles de paysannes collectant des déchets recyclables de porte à porte ou sur les décharges, avec qui j'ai eu l'occasion de discuter ailleurs au Vietnam. Cette « récolte urbaine[26] », qui s'adosse à la récolte agricole et complète les revenus qui en sont issus dans un pays longtemps marqué par les pénuries, est quasiment exclusivement pratiquée par des femmes. Je me souviens d'une dame qui m'avait elle aussi demandé de l'arracher à son travail de chiffonnière à vélo pour partir en France toutes les deux, « comme une mère et sa fille ». C'était lors d'une rencontre avec un groupe de collectrices dans les environs de Quy Nhơn, une ville côtière paisible du centre du pays convertie en base américaine pendant la guerre d'indépendance et devenue un de mes ports d'attache. L'une des paysannes avait tenté de nuancer la portée critique

26. Michael R. DiGregorio, *Urban Harvest: Recycling as a Peasant Industry in Northern Vietnam*, Honolulu, East-West Center, 1992.

de ce désir d'exil devant moi et mes collègues géographes de l'université locale : « Nous aimons le Vietnam, mais… » L'autre femme continuait d'inventer son voyage sans retour avec sa fille d'adoption, en riant. S'il y avait un peu d'humour dans cette interaction iconoclaste, probablement de la gêne aussi, je n'ai pas décelé de second degré dans l'échange avec les femmes travaillant sur le tas de plastiques du village de Minh Khai. Les sourires habituels et rassurants avaient disparu. Quelque chose s'était brisé : peut-être la censure ? Les visages souriants de la République socialiste du Vietnam m'évoquent les œuvres de l'artiste franco-vietnamien et fils de dissident Trần Trọng Vũ, qui en peint une multitude sur des toiles de plastique transparent, comme des masques immobiles et inquiétants : « On ne peut pas parler, alors on sourit », m'avait-il raconté lors de notre rencontre à Hanoï. Sur la montagne d'ordures, on ne parle pas encore beaucoup, mais on ne sourit plus. Les barrières tombent, les apparences s'effondrent. La matière ne laisse pas de place à l'illusion.

Trier sur le tas est pénible à de multiples égards, même si ce travail de petites mains est nécessaire à toute la chaîne du recyclage. Les balles arrivées par conteneurs et déposées par les camions de fret sur les terrains en friche de la commune de Như Quỳnh sont tellement lourdes – elles pèsent plusieurs tonnes – qu'elles doivent impérativement être déballées sur place et reconditionnées en ballots plus petits, afin d'être transportables par des véhicules légers. Les usines de recyclage du village de Minh Khai sont peu équipées et leurs moyens de stockage, de transport et de production sont rudimentaires, souvent issus du marché de l'occasion, chinois. Dans les rues où s'affairent les travailleurs du plastique, les véhicules que l'on croise le plus généralement sont de vieux camions ou de petits triporteurs pétaradants. Aucun monte-charge ni autre transpalette, les chargements sont opérés à la force des bras. Sur le tas, les balles sont divisées en ballots, d'une vingtaine de kilos en général, qui peuvent ensuite être acheminés dans les cours des entreprises. Avant qu'elle ne disparaisse derrière les grilles des entrepôts, la matière plastique envahit donc le bas-côté des routes et le plastique se répand sur le sol, formant un tout indéterminé, un chaos de matière indistincte que les ouvrières doivent ordonner. Cette tâche ingrate, au plus près de substances répugnantes, qui ont fermenté dans les conteneurs, puis en plein soleil et dans l'atmosphère humide des entrepôts où circulent des espèces jugées nuisibles – chiens errants, rongeurs et autres cafards –, contient une « forte charge symbolique », pour reprendre l'expression de l'ethnologue Agnès Jeanjean, qui a enquêté auprès des égoutiers de Montpellier[27]. Il s'agit d'un travail physique, au sens plein et entier du terme, car il implique tout le corps pour la manutention et il provoque des sensations violentes jusque dans la chair et les entrailles : il donne la nausée. Pour continuer à travailler, pour continuer à enquêter aussi, on doit dompter son dégoût.

Lorsque les balles de plastique ont été triées et reconditionnées en ballots de moindres dimensions, les monceaux de films polyéthylènes doivent être acheminés vers les usines de Minh Khai pour être recyclés. Les ouvrières font rouler sur le sol les paquets issus du tas d'ordures jusqu'au véhicule de l'entreprise (un triporteur, une camionnette avec une remorque, un petit camion) où d'autres ouvriers, souvent des hommes, pèsent la marchandise sous les yeux d'un entrepreneur ou bien, comme j'ai pu l'observer, de son épouse, comptable de son état, avant chargement.

27. Agnès Jeanjean, *Basses œuvres. Une ethnologie du travail dans les égouts*, Paris, Éditions du Comité des travaux historiques et scientifiques, 2006, p. 32.

Si le recyclage du plastique tel qu'il s'opère à Minh Khai est souvent une affaire de famille et de maisons de tradition – dans chacune des entreprises familiales du village, l'autel des ancêtres fumant d'encens veille sur leur réussite –, il embauche aussi un grand nombre de travailleurs et de travailleuses aux origines parfois lointaines, dont les postes sont répartis selon une logique de stratification par le statut et le genre. Ainsi, dans les entrepôts faits de grillages et de bâches qui jouxtent les habitations transformées en ateliers, les ballots acheminés sont réceptionnés par des ouvrières chargées de les ranger, de les déballer et de les trier à nouveau sur le sol. Assises en tailleur, ces intérimaires, qui font parfois plus de deux heures de trajet aller-retour à vélo chaque jour pour venir travailler dans ces usines artisanales, touchent et manipulent la matière sale quasiment sans protection. Prolétaires de la filière, ce sont elles aussi qui alimentent, à la main, la trémie des broyeuses qui amorcent la transformation du plastique : ces bouches de métal dans lesquelles des mâchoires déchiquettent les films polyéthylènes jouent le rôle d'interface entre l'extérieur (ou l'entrepôt) et l'intérieur des usines, où se déploie la ligne de recyclage proprement dite. À ce poste de début de chaîne, on retrouve parfois

la mère de famille, si les employés sont absents et qu'elle a pu abandonner son autre rôle de cantinière d'usine. Un dimanche, jour de repos des employés, j'ai ainsi rencontré une femme accompagnée de sa fille, étudiante en anglais dans un cursus de commerce international. Elles accueillaient une cargaison de ballots de films plastiques blanchâtres, marqués de l'inscription au feutre *« đẹp »* (beau). Le père de famille avait jugé qu'il fallait maintenir une production dominicale malgré l'absence de l'équipe et que tout le monde devait mettre la main à la pâte !
Nous sommes désormais dans la cour des maisons, parfois dans un petit hangar construit juste à côté, et c'est là que le déchet plastique broyé va atteindre le point de fusion. Mais avant cela, s'il n'est pas « beau », il doit être nettoyé, ou plutôt décrassé, c'est-à-dire plongé dans un bain d'eau pour être débarrassé d'un maximum d'impuretés : poussière, résidus, terre, etc. Derrière la broyeuse, les bains de décrassage en béton sont remplis d'une eau sombre dans laquelle flottent les films plastiques déchiquetés. Sous l'action parallèle de deux courroies de transmission, qui mettent en mouvement des essieux sur lesquels sont fixés des bras métalliques, les plastiques sont brassés dans l'eau et remontent la chaîne jusqu'à une

plateforme où ils sont égouttés. Là, ils rencontrent souvent une ouvrière ou un jeune ouvrier. À ce poste pénible, perché en hauteur sur la grille de drainage, j'ai vu un adolescent venu des montagnes où vivent les « minorités ethniques » : il avait un statut doublement mineur dans un pays où les *Kinh*, l'« ethnie majoritaire » des plaines rizicoles, regardent les montagnards avec fascination, méfiance ou mépris. L'espace-temps me manque ici pour déconstruire cette figure vietnamienne de l'altérité intérieure et la manière dont sont vécus les héritages et les assignations identitaires, mais il faut retenir que beaucoup de jeunes migrants, hébergés par les entreprises familiales ou dans des baraquements voisins, participent au bon déroulement de l'activité de recyclage.

Sur la plateforme, l'ouvrier subalterne, muni d'un grand râteau, pieds nus ou chaussé de bottes en caoutchouc, soulève et pousse la masse encore humide de plastique broyé et décrassé vers le goulot d'une extrudeuse. Machine maîtresse de la transformation, son bon état de fonctionnement promet une fusion harmonieuse des polymères thermoplastiques, autour de 100 °C : il s'agit essentiellement des polyéthylènes de basse et haute densité (PEBD – PEHD) et plus rarement du polypropylène (PP) ou du polyéthylène téréphtalate (PET). Il arrive toutefois, dans certains hangars sommaires, que les extrudeuses soient rouillées, encrassées et mal fixées sur le sol. Avec mon téléphone, j'ai filmé une ligne de recyclage installée dans un couloir sombre bordé de tôles ondulées d'un côté et du mur extérieur d'une maison de l'autre. Pour pouvoir atteindre les extrudeuses et observer la transformation du plastique, il fallait se faufiler dans un boyau d'à peine un mètre de large. Avant de passer à côté des bains de décrassage bouillonnants d'eau sale, on devait frôler une broyeuse détraquée, dont les engrenages tournaient à toute vitesse à hauteur de tête, sans protection. Au fond de ce hangar improvisé de quarante ou cinquante mètres carrés, un homme travaillait dans une chaleur étouffante et quasiment sans lumière. Tout responsable d'atelier sait pourtant que l'organisation des circulations autour des engins et l'alignement des chaînes de travail sont autant, sinon plus importants pour l'efficacité de la production et pour la sécurité des ouvriers que la qualité des machines. Dans l'atelier de recyclage, qu'il soit bien organisé ou désordonné, l'extrudeuse est actionnée par un ouvrier-technicien qui en assure l'arrêt et la mise sous tension : il contrôle ainsi la production. Au plus près de la fusion de la matière, il s'agit d'un poste pivot où l'on ne rencontre pas d'intérimaires, mais des ouvriers embauchés par l'entreprise familiale sur un contrat plus ou moins long. Il s'agit systématiquement d'un homme – c'est parfois le chef de la famille, patron de l'entreprise, s'il n'a pas encore eu les moyens de déléguer son travail à des employés – et il coordonne toute la chaîne. L'extrudeuse fond le broyat de plastique et, sous la pression interne de la vis d'extrusion, produit une lave qui sort lentement par le goulot de la machine et tombe sur une plaque de métal en ondoyant légèrement. La couleur et l'aspect de cette pâte polymère plissée, qui refroidit au contact de l'air, dépendent de la qualité des plastiques usagés entrés auparavant dans la chaîne de recyclage. La palette varie du vert d'eau au noir en passant par des variations de marron et de gris plus ou moins sombres. L'extrudeuse peut aussi faire sortir de sa gueule une lave grumeleuse, fumante, laissant échapper des bulles de gaz dans l'atmosphère déjà chaude, lourde et viciée des ateliers mal aérés. C'est l'air que respirent quotidiennement les ouvriers et les ouvrières. Certains sont déjà habitués, depuis les épidémies ayant sévi en Asie dans les années 2000, à se parer de masques chirurgicaux ou fabriqués en tissu, dès lors qu'une menace invisible fait sentir sa présence. En dehors des éventuelles gouttelettes chargées de virus, ces protections ne filtrent pas grand-chose et semblent inadaptées aux dangers réels que représentent les émanations et autres vapeurs toxiques liées à la putréfaction ou à la fusion du plastique. Ce sont les femmes qui les utilisent le plus.

Armé de grands ciseaux à lave d'une main et d'une spatule en métal de l'autre, le technicien qui recueille la matière fondue, tombée de la buse de l'extrudeuse sur la plaque posée au sol, ne porte, lui, pas de masque. Il officie parfois même torse nu pour réinjecter la matière encore molle dans une seconde extrudeuse à filtre, dont sortiront, tels des spaghettis, de multiples filins de plastique qu'il faudra refroidir dans l'eau puis arrimer à la machine finale : la découpeuse mécanique à pépites.

L'un des hommes en charge de l'extrusion, un ouvrier d'une trentaine d'années, rencontré dans un entrepôt à l'arrêt pour cause de panne générale d'électricité, m'a un jour laissé photographier sa boucle d'oreille artisanale : une pastille de plastique directement cueillie dans le bac où les granulés recyclés découpés au rythme de la chaîne tombaient dans un doux ruissellement couvert par le brouhaha des autres machines. Son lobe gauche, percé au centre, arborait fièrement ce joyau d'extraction locale. Auprès de lui, qui aspirait à devenir un jour propriétaire de sa propre ligne de recyclage, la fusion du plastique devenait fusion *avec* le plastique, et les déchets se changeaient en pierres précieuses : le rêve de tous les alchimistes.

En parcourant, étape par étape, la chaîne du recyclage des usines artisanales du village de Minh Khai, la matière détritique se change en minerai. Plusieurs opérations appliquées par la force combinée des humains et des machines lui font perdre sa forme initiale : la balle devient ballot, le film devient lambeau, les fragments décrassés passent du froid au chaud, fondent, tombent, fusionnent, et la lave sortie des extrudeuses se transforme en filins à leur tour réduits en particules. Cet état indéterminé de la matière, entre le solide et le fluide – la montagne s'est érodée en une multitude de grains de sable –, est nécessaire à toute production future, car il faut « se rendre informe pour pouvoir être reformé[28] ». Ce devenir élémentaire n'est pourtant pas une disparition. Il nous engage à changer d'échelle d'observation et à plonger avec la matière dans un inframonde, où il existe encore des formes, des couleurs et des propriétés qui se spécifient au regard de celles et ceux qui savent voir, goûter, sentir, peut-être même entendre. Il s'agit là d'aiguiser sa sensibilité. Les négociants en granulés de plastique recyclé qui arrivent à Minh Khai dans leurs berlines noires savent faire la différence entre un minerai de bonne ou de piètre qualité. L'un d'eux, rencontré au café, nous avait montré quelques-uns de ses trucs : d'abord bien regarder « la graine » – non pas de riz *(hạt lúa)*, mais de plastique *(hạt nhựa)* – sous toutes ses coutures, dans un rayon de lumière et pourquoi pas à la loupe ; puis la flamme du briquet ou de l'allumette fait réagir la pépite ; son odeur en dit long sur sa composition. Ultime épreuve : croque-t-elle sous la dent ? À nouveau, le corps est mis en jeu par la matière. Cet acheteur sait de quoi il parle et

28. Jennifer Gabrys, *Digital Rubbish. A Natural History of Electronics*, Ann Arbor, The University of Michigan Press, 2013 [2011] (citation de la p. 138).

à quoi il a affaire. La chose est entre de bonnes mains. Elle poursuit son chemin.

Au bord d'une route de la commune de Như Quỳnh, près de la rivière, Snow et moi avons un jour rencontré un homme qui installait un étal de fortune sur le sol pour y vendre des bassines, passoires et autres objets du quotidien en plastique coloré. Nous lui avons demandé si ceux-ci étaient fabriqués dans le village de Minh Khai, tout proche. Il s'est offusqué et a répondu : « Bien sûr que non ! Les produits que je vends sont de très bonne qualité ! » À sa réaction, nous avons compris que l'argument « fait à partir de plastique recyclé » ne faisait pas partie de ses astuces pour stimuler l'acte d'achat. La réputation des usines de recyclage des environs incite plutôt les consommateurs locaux à chercher la propreté de la grande distribution ou de ses circuits de revente lorsqu'ils souhaitent acquérir des objets en plastique. Le minerai issu des chaînes familiales de Minh Khai ne trouve que des débouchés très limités. Il sert essentiellement à produire de nouveaux sachets plastiques via un procédé d'extrusion et de gonflage. De sacs sales en sacs propres, la boucle semble bouclée.

Alimentée d'un mélange de grains multicolores, une nouvelle extrudeuse, plus propre que dans les ateliers de décrassage-recyclage, mais souvent d'occasion elle aussi, fusionne le minerai reconstitué qui deviendra un sac. De son bec sort un film plastique tubulaire qui, encore chaud, est gonflé comme un ballon de baudruche pour refroidir progressivement au contact de l'air. Après quelques dérivations destinées à l'aplanir, il s'enroule sur un axe. Les rouleaux de film dédoublé sont ensuite disposés sur une machine typique du secteur de la « sacherie » industrielle, qui plie, soude, coupe et empile les poches de polymère sur un tapis roulant. C'est donc à cette fabrication de sacs en matière plastique recyclée qu'est dédiée une bonne partie des autres hangars de la commune de Như Quỳnh. Ils sont équipés de machines d'occasion, sujettes aux pannes ou aux défauts de production, dont les ouvriers contrôlent le rythme et la musique bruyante en se relayant jour et nuit. Je les ai observés couper les anses des liasses de sacs recyclés en les disposant à la main sous des presses métalliques, puis empaqueter le tout avec des rubans de plastique coloré ou dans des sachets transparents.

Sauf s'ils s'envolent fortuitement dans les bagages d'une voyageuse, les sacs en plastique recyclé de Minh Khai ont peu de chance de franchir les frontières qui se sont pourtant largement ouvertes pour accueillir les déchets polymères venus d'ailleurs en conteneur. Il n'y a pas toujours de retour à l'envoyeur. Les normes imposées à l'importation par les pays développés sont trop contraignantes pour ces produits instables qui, comme le minerai recyclé, sont de mauvaise qualité. Leur débouché reste donc le marché local et national vietnamien. Souvent destinés au transport des plantes ou aux revêtements de sol utilisés par les pépinières, les films et sacs noirs deviennent aussi des sacs-poubelle. Ceux qui affichent des couleurs plus claires se retrouvent sur les marchés non alimentaires et dans les petites boutiques des environs. Ils sont reconnaissables à leur texture épaisse, à leur touché cassant et granuleux, comme du papier. Leur durée de vie est courte, car ils sont friables.

Les marchandes de fruits et légumes, quant à elles, recherchent la transparence des sachets au doux touché, qu'elles réserveront à leurs bonnes clientes. En contact étroit avec la nourriture, cette matière cristalline est signe de propreté et de pureté, mais acheteuses et vendeuses s'accommodent souvent, pour faire quelques économies, d'une légère translucidité.

Afin d'améliorer le produit fini et espérer en dégager un meilleur prix, les fabricants de sacs plastiques recyclés sont passés maîtres dans l'art de la sélection des matières premières et du mélange de granulés. Voici la recette d'une fournée de sacs plastiques opaques, mais d'un jaune relativement lumineux : deux mesures de pastilles recyclées de couleur gris-beige, deux mesures de pastilles recyclées de couleur vert pâle et une demi-mesure de graines de pigment polymère jaune primaire. En dehors des films noirs, il est exceptionnel que les objets commercialisés soient à 100 % recyclés. Une purification à la source doit venir compenser la pesanteur des matières souillées. N'oublions pas leur déchéance, que la transformation en pépites n'a fait que dissimuler : elles ont changé de forme, pas de propriétés. En plasturgie comme en peinture, les mélanges de couleurs donnent une leçon : on rattrape difficilement un mauvais marron.

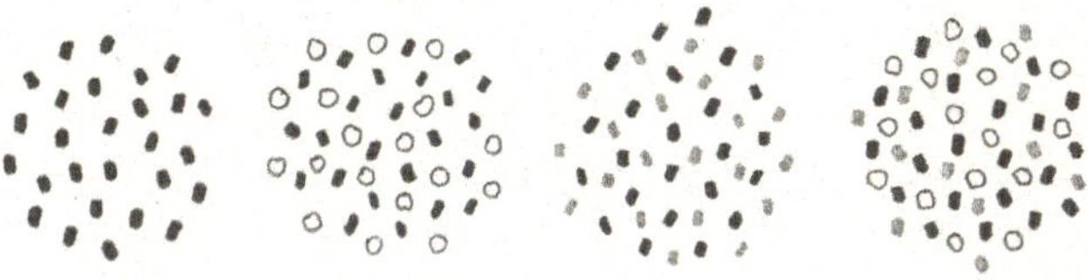

Fondus dans la masse, les intrants purifiants destinés à raffiner le produit deviennent invisibles et font oublier la pauvre extraction de l'essentiel de la matière première utilisée. Au-delà de la variété des colorants, distillés à l'envi dans la sacherie de seconde vie, j'ai observé dans certaines usines des empilements de paquets en toile sur lesquels était inscrite l'appellation « Marlex ». Pesant vingt-cinq kilos, ils contenaient des granulés ovoïdes et cristallins. Cette forme les distinguait nettement des pastilles tubulaires, aplaties aux extrémités, car issues des filins de plastique durcis puis découpés à la chaîne dans les fabriques de Minh Khai. Leur transparence légèrement laiteuse contrastait également avec l'opacité et les teintes ternes, loin des couleurs primaires, des déchets transformés en pépites. Il s'agissait de perles de polymères synthétiques – du polyéthylène haute densité – dont la pureté matérielle signalait une noble extraction. Elles ne descendaient pas de nos poubelles, mais de la « plus grande ville industrielle du monde » : Al Jubail[29] dans le royaume d'Arabie saoudite, leader de l'Organisation des pays exportateurs de pétrole (OPEP). Ainsi partie du tas d'ordures, la filière plastique n'en finissait plus de filer, de sources en sources, aussi fluide et insaisisable que de l'huile de roche.

---

29. www.worldatlas.com

(DÉ)GRADATIONS

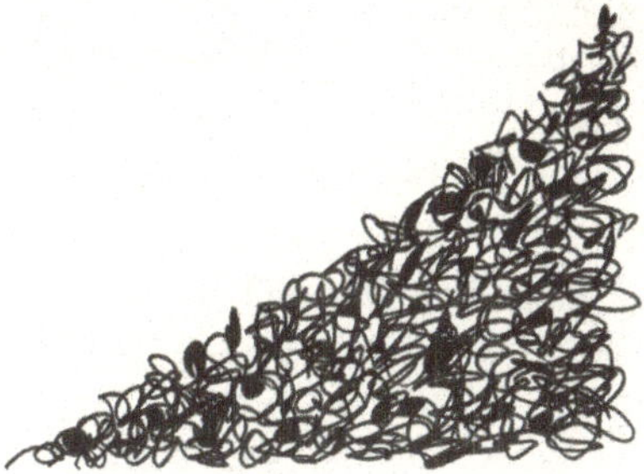

C'était lors de notre premier jour d'enquête en duo avec Snow. Nous nous connaissions encore peu et même si j'avais exploré la commune de Như Quỳnh seule quelques fois auparavant, beaucoup marché, erré, sympathisé avec un couple de charcutiers et leur fils qui m'avaient invitée chez eux pour le déjeuner, je n'avais pas encore eu l'occasion d'entrer dans les usines de recyclage. Je tournais autour du village de Minh Khai, attendant de sentir le bon moment pour y plonger. Il fallait d'abord que je comprenne le territoire en déambulant, en observant. Pour poursuivre cette exploration individuelle et préparer Snow à ce terrain si particulier, je lui avais proposé de remonter le canal parallèle à la route nationale. Nous verrions quelques jours plus tard, dans le fil de cette eau croupie, un père et son fils pêcher des tilapias – *cá rô phi*, « seul poisson capable d'y survivre », grognerait bientôt un riverain lors de notre entretien. Habitué à la vase et adapté à l'élevage intensif, d'où son succès commercial dans les pays tropicaux à la fois producteurs et exportateurs, le tilapia mange « de tout » : il s'accommode des restes, ce qui en fait un animal « détritivore », comme le disent les notices d'aquaculture. Cette fonction zoologique fondamentale pour la circulation des nutriments (et des excréments) dans les réseaux trophiques trouve un sens particulier dans ce milieu dégradé mêlant habitat, agriculture, artisanat et industrie, car la nature des débris que les poissons ingèrent interroge. Ces résidus ont pour parents les tas de déchets venus non seulement des maisons, mais aussi des ateliers de recyclage avoisinants.

Jonchant les berges, ils s'offrent aux eaux ruisselantes qui entraînent leur contenu douteux dans l'eau sombre et parfois mousseuse du canal que nous avions décidé de longer. Bordé de l'autre côté par les palissades de l'usine *La Vie*, marque vietnamienne d'eau en bouteille – une référence nationale –, ce sentier aboutissait sur une parcelle de friche de quelques mètres de périmètre, cultivée par une paysanne âgée.

Nous l'avons abordée alors qu'elle remontait du canal un seau rempli d'une eau trouble et de têtards excités, pour la déverser sur les courges qui poussaient au pied de l'usine, à côté de quelques plants de bananiers. Elle avait accepté de parler au micro de mon enregistreur, mais dès les premières phrases échangées, sa voix s'était mise à chevroter et des larmes à couler sur ses joues. Snow avait alors approché sa main du visage ridé de la dame, pour le sécher d'une caresse et remettre quelques mèches de cheveux en ordre. En revenant par la suite sur cette rencontre touchante et déroutante durant nos conversations pédestres propices à la réflexivité, mon interprète avait jugé que les paroles de cette femme étaient trop confuses et son histoire trop incohérente pour les considérer comme des informations pertinentes dans le cadre de l'enquête. À la fois intriguée et embarrassée par le récit de cette « vieille folle » – pour reprendre l'une des expressions de Snow, un peu agacée par mon insistance à en connaître les détails –, j'ai demandé plus tard à Hiếu, un étudiant en géographie avec qui j'avais déjà enquêté dans le Sud, de retranscrire l'entretien en vietnamien et en anglais. Les propos de cette dame, encore stockés dans ma mémoire et sur mon ordinateur, avaient bien une force et une valeur. Ils racontaient l'histoire d'une paysanne sans terre, pauvre et désorientée, dont le désespoir débridait une critique radicale du développement économique local.

Vingt ans auparavant, c'est-à-dire dans les années 1990, elle possédait un champ où elle cultivait du riz. C'est à cette époque, à la faveur de l'ouverture du Vietnam au commerce international et à une économie mondiale conteneurisée, que les activités de recyclage ont commencé à se développer rapidement dans le village de Minh Khai. Toutes les terres alentour, rizières et autres champs de légumes, ont alors été convoitées par des entrepreneurs devenus proches des pouvoirs politiques locaux, afin de servir d'espaces de stockage ou de sites pour implanter de nouvelles usines capables d'accueillir les flux de matières détritiques. La fin du XXe siècle marque ainsi la métamorphose de Minh Khai – le « village de la patate douce » *(Khoai)*, comme le surnomment encore les habitants des environs – en un « village de métier[30] » d'un genre particulier. Si d'autres villages des environs de Hanoï étaient connus pour leurs paniers tressés, leurs pots en céramique ou leur artisanat du bois – la production étant de longue date organisée en congrégations de métiers liés à des objets, des matières –, Minh Khai était, de son côté, envahi par les plastiques, sous toutes leurs formes. Cette reconversion des activités et de l'allocation des terres a profité à certains habitants, tandis que d'autres l'ont subie. La paysanne rencontrée au bord du canal nous expliquait que, dans ce mouvement de réorganisation profonde de la société locale, « ils » lui avaient pris son champ ; la compensation financière qu'elle devait obtenir ne lui a jamais été versée.

Emmêlée dans des souvenirs de convoitises familiales, d'argent prêté et jamais retrouvé, perdue dans des récits de fantômes rôdant près du canal,

30. Philippe Papin, *Histoire de Hanoi*, Paris, Fayard, 2001 ; ou Sylvie Fanchette et Nicholas Stedman, *Discovering Craft Villages in Vietnam: Ten itineraries around Hà Nôi*. Paris, Institut de Recherche pour le Développement -Thê Gioi, 2009.

décrivant un environnement malade et des problèmes de santé, elle nous avait raconté que les dédommagements prévus en cas de réquisition de terres n'auraient jamais été versés directement à leurs anciens propriétaires, paysans ou éleveurs. Dans sa bouche, un grand partage s'était opéré entre ceux du monde d'avant, qui, comme elle, avaient tout perdu et ceux du monde d'après, qui y avaient gagné : « Ils ont construit une maison communale, une école, une crèche. Ils ont gagné de l'argent et, en retour, ont bâti une pagode, pavé la route. Mais si je fais le compte, ils m'ont tout pris. Je n'ai plus de terre, je n'ai plus rien. » Refusant de devenir une prolétaire du recyclage en travaillant sur les tas d'ordures ou dans les ateliers, elle cultive quelques légumes sur un coin de friche pour les manger et aussi pour les vendre – car « tout s'achète désormais, alors il faut bien gagner de l'argent ! » comme me l'ont dit plusieurs paysans. Mais là encore, le peu qu'elle possède est soumis à l'invasion, à l'appropriation et à l'empiétement : déchets, recycleurs, usines, fantômes, enquêtrices, voleurs de bananes… Elle répète : « Faites-les disparaître ! »
Avec elle, j'aimerais imaginer un monde dans lequel rien de tout cela ne serait arrivé, où le paysage idéal de la campagne vietnamienne

réapparaîtrait dans l'envol d'un héron sur la surface miroitante des rizières, au son des grenouilles coassant à la nuit tombée. Cette composition harmonieuse de fragments sélectionnés par une mémoire nostalgique s'efface cependant dès lors que les sens reprennent leur travail de description, d'écoute, d'observation. La présence des ordures, de la pollution, des usines, du trafic routier est tellement ancrée que la situation semble irréversible. Les odeurs venues des matières détritiques fermentant au soleil attaquent les narines, l'ouïe est saturée par le bruit continu des moteurs et des machines. Les grenouilles sont peut-être encore là, tapies dans un marécage contaminé, mais elles ont disparu du paysage sonore. Depuis les ateliers de fabrication des granulés recyclés s'écoule désormais une eau trouble, chargée de saletés et de particules plastiques en suspension. Issue des bains de décrassage des déchets polymères broyés, elle coule ou stagne dans les caniveaux du village et dans les friches bordant les chaînes de recyclage. La création de la nouvelle zone artisanale « Minh Khai Hai » n'a pas résolu ce problème d'évacuation. Elle a concentré et déplacé la pollution : une canalisation à ciel ouvert draine toutes les eaux usées des entreprises directement dans la rivière qui traverse la commune de part en part et alimente le réseau aquatique du delta du fleuve Rouge. Près du petit pont en face de la pagode, là où le village de recycleurs n'est plus en vue, on peut siroter un jus de canne à sucre sur une terrasse meublée de chaises en plastique rouge en écoutant le vent dans les branches des bambous. Sur la berge, en contrebas, près d'un panneau rouillé où est écrit « dépôt de déchets interdit », l'affluent artificiel de la rivière déverse ses eaux polluées, rejetées là sans aucun filtrage ni traitement. Son débit est tel qu'une ligne de démarcation apparaît au milieu du cours d'eau, entre les eaux noires des usines et les eaux brunes de la rivière.

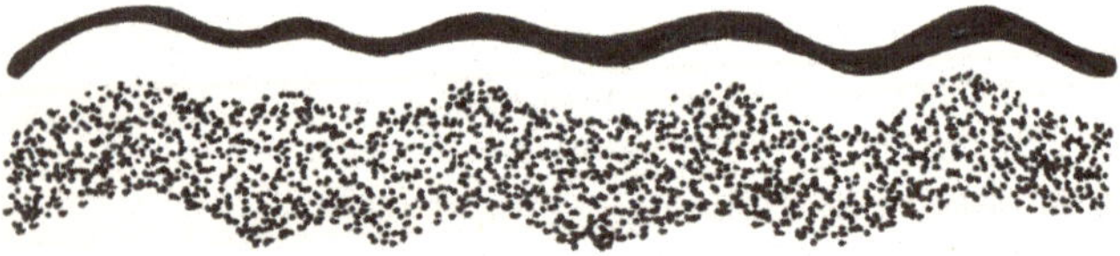

Auparavant, cette rivière était un lieu de baignade. La patronne du petit café, comme d'autres habitants des environs, nous a confié qu'elle regrettait le temps où les enfants jouaient dans l'eau et où l'on entendait leurs rires. Quelques décennies plus tôt, des riverains utilisaient l'eau de la rivière pour la cuisine, la lessive et d'autres activités de nettoyage, et certains craignent désormais que les restaurants ouvriers de la commune utilisent cette eau dégoûtante pour préparer leur *« phở »*, la soupe traditionnelle vietnamienne. De la même manière que l'environnement, la confiance dans l'origine et la qualité des choses s'est dégradée. La méfiance envers les humains n'en a été que renforcée : l'autre est toujours soupçonné d'être pollueur ou empoisonneur. En tant que bien commun et partagé, la rivière faisait partie intégrante de la vie quotidienne, marquant la spécificité du lieu et forgeant la collectivité. Alors que le terme vietnamien *nước* veut dire à la fois « eau » et « pays » ou « nation », on peut se demander ce que des eaux polluées font à la construction des identités. L'expérience ordinaire et les modes d'habiter ce paysage sont en tout cas bouleversés par le développement du recyclage du plastique et ses effets induits, qui sont parfois invisibles au premier regard, mais infusent en profondeur dans l'environnement, dans les relations entre les humains et leurs rapports aux choses et aux êtres, comme les quelques poissons survivants, les tilapias détritivores, que les plus pauvres continuent de pêcher. Un habitant dont l'arrière-cour donnait sur le canal nous avait expliqué que la couleur de l'eau changeait en fonction des rejets industriels et du climat, passant parfois « du rouge au bleu, ou au jaune, surtout quand il fai[sai]t chaud ou qu'il pleu[vai]t ». Savant observateur de l'eau stagnant sous ses fenêtres, il avait ajouté : « Quand elle est vert foncé, cela veut dire qu'elle est propre. Certains jours, elle est noire. Cela me donne des nausées, je ne me sens pas bien. »

Tout comme travailler dans les usines de recyclage, habiter la commune, même si c'est dans un autre village que celui de Minh Khai, met à l'épreuve les corps, qui réagissent à la dégradation de l'eau ou encore de l'air par des haut-le-cœur. Dans ce territoire morcelé, où se déploie une multitude d'activités, la répulsion et l'attachement varient largement en fonction des vécus individuels et des points de vue. Snow et moi avons rencontré des résidents prêts à se faire les avocats de leur commune : à côté de la rivière intoxiquée, ils s'abreuvaient de l'eau pompée dans la nappe phréatique en garantissant sa pureté. Plus nuancés, d'autres habitants nous ont déclaré, près de leur petit élevage d'oies blanches du village de Ngô Xuyên : « Il y a encore de l'air pur ici, pas comme à Minh Khai ! » Le village du recyclage, qui irrigue le territoire de richesses et d'eaux noires, agit comme repoussoir et provoque d'autres cris du cœur : « Même s'ils me donnaient un terrain gratuitement là-bas, je n'en voudrais pas ! » nous disait le gérant d'un café des environs, qui n'avait aucune intention de fermer boutique ni de déménager. Entre ici et là-bas, les habitants de la commune construisent des barrières, mentales, physiques, pour protéger leurs existences des contaminations de toutes sortes, omniprésentes. C'est alors un monde d'enclaves qui se crée dans leurs esprits divisés. Ils composent, segmentent l'espace et font la part des choses : il faut bien continuer à vivre. Ainsi, dans le cœur historique du village des recycleurs, les rues autour desquelles se distribuent les maisons-ateliers se rejoignent en un carrefour où est installé le jardin d'enfants. Protégés du regard, mais pas de l'air ambiant, par de hautes grilles de métal, on ne peut voir ces bambins que le matin et le soir, lorsqu'ils sortent retrouver leurs parents, adossés au mur ou assis sur leur moto. Pour patienter et faire quelques achats sur la placette, il n'y a plus aucun autre commerce de détail que des pharmacies. Une enseignante s'inquiétait d'ailleurs de la présence de ce négoce opportuniste, qui avait remplacé les marchands de bonbons. Pour elle-même comme pour sa progéniture et celle des autres, elle nous confiait : « J'ai peur du cancer. »

S'il est vrai que les discours évoquant une perte et un âge d'or passé peuvent relever d'un déclinisme nostalgique dont il faudrait relativiser les fondements – était-ce vraiment mieux avant ?[31] –, dans la commune de Như Quỳnh, la dégradation est profonde. L'exposition quotidienne à la pollution impose une proximité, voire, de manière plus intime, une « promiscuité » avec des substances dangereuses[32], issues de diverses sources et prises dans une multitude de relations en chaîne. Il n'y a pas une seule cause à cette toxicité ambiante, mais plutôt des agencement, assemblage, entrelacs, mélange. En reprenant un terme jugé obsolète par les sciences modernes, qui se sont évertuées à classer, mesurer, catégoriser et isoler des choses pourtant en relation[33], on pourrait même parler

31. C'est la question que pose l'anthropologue David Berliner dans son ouvrage qui s'intéresse principalement, comme le titre l'indique, aux questions culturelles et non « naturelles ». David Berliner, *Perdre sa culture*, Bruxelles, Zones sensibles, 2018.

32. Peter Wynn Kirby, « Mangling and promiscuity. Materialities of waste conversion in East Asia », *Electronic Journal of Contemporary Japanese Studies*, vol. 18(2), 2018 [en ligne].

33. Je renvoie ici à l'histoire de l'hygiénisme et de la vaccination analysée par Bruno Latour dans son ouvrage

de « miasme ». Ce mot, nous dit Max Liboiron, est particulièrement pertinent pour analyser les effets du plastique, une matière changeante, circulante et composite qui entraîne avec elle des plastifiants, des additifs, des bactéries[34]. Ici, près du village de recycleurs de Minh Khai, la variation des états du plastique – sa plasticité – et son omniprésence, à la fois macroscopique et microscopique, entraînent une exposition répétée des humains et des non-humains à des éléments toxiques, qui infusent dans tout le vivant.

L'atmosphère, la terre et la rivière s'abîment et avec elles s'*altèrent* les vies, imposant aux humains de « reconnaître l'étendue des relations chimiques » qui composent les corps – individus, communautés – et d'inventer d'*autres* relations

---

Les Microbes. Guerre et paix, suivi de *Irréductions*, Paris, Métailié, 1984.

34. Diverses applications industrielles des plastiques mobilisent des traitements de surface (par exemple, la galvanoplastie, le chromage, etc.). Or les additifs employés ne fusionnement pas dans la structure covalente des polymères (qui est réputée stable), ce qui engendre des risques de migration moléculaire très importants. Max Liboiron, « Plasticizers. A twenty-first century miasma », *in* Jennifer Gabrys , Gay Hawkins et Mike Michael (dir.), *Accumulation: The Material Politics of Plastic*, Londres and New York, Routledge, 2013, p. 134-149.

avec le milieu, à la manière des « altervies » de l'historienne Michelle Murphy[35]. Les perspectives alternatives ne sont pourtant pas évidentes. La flèche du temps s'est logée dans la cible de l'exploitation accrue des ressources, de l'accumulation matérielle, de la débauche d'énergie, et la prospérité économique qui devrait compenser cette dégradation ne sourit qu'à quelques entreprises, modèles de réussite du recyclage. Tout retour en arrière semble impossible : en termes thermodynamiques, on parlerait d'entropie. Pour les perdantes et les perdants, il ne reste que la lamentation au bord du canal. Pour les destins victorieux, le passé doit rester un tremplin vers le futur. Refusant de parler des dégradations, ils racontent plutôt leur montée en grade et le mérite qu'ils en tirent.

35. Michelle Murphy, « Alterlife and decolonial chemical relations », *Cultural Anthropology*, vol. 32, n° 4, 2018, p. 494-503.

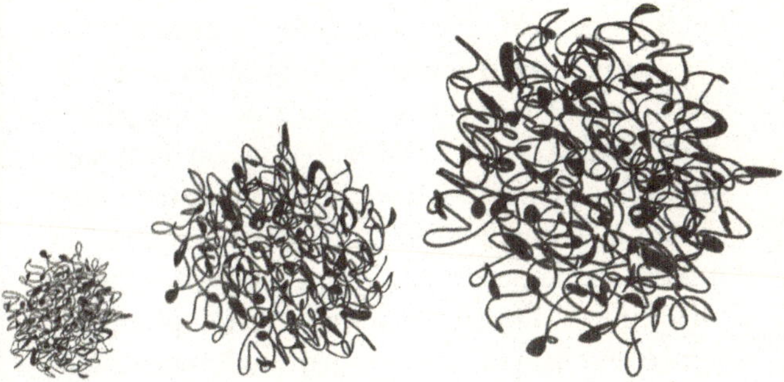

Dans une belle usine de fabrication de sacs plastiques recyclés, qui emploie une dizaine d'ouvrières et d'ouvriers actionnant des chaînes bien alignées et bien éclairées, un entrepreneur local, accompagné de son associé, nous a raconté une autre histoire du village et de ses habitants. Né à Minh Khai pendant la guerre américaine et, comme presque tous les gens de sa génération, issu d'une famille de paysans, il a travaillé dans les rizières jusqu'en 1995 avant de se reconvertir dans le recyclage. C'était le tout début des échanges matériels : « Ici, personne n'avait de travail. Les gens fabriquaient des sucreries et les échangeaient contre des sacs plastiques. On les lavait à la main puis on les vendait à Hanoï. » C'est au bout de quelques années de cette activité commerciale improvisée qu'il a pu se constituer un petit capital lui permettant d'acheter une première chaîne d'extrusion sur le marché d'occasion local, après avoir observé les usines de recyclage où il vendait ses sacs, à Hanoï : « J'ai attendu pour acheter une petite machine à recycler. Je me suis marié. Et j'ai changé la petite machine contre une grande machine. » De fil en aiguille, en copiant les procédés observés chez ses partenaires commerciaux, il a développé son activité de production de granulés recyclés et investi dans de nouveaux équipements plus performants venus de Chine et de Taïwan, jusqu'à pouvoir s'extraire de cette première activité de recyclage : « Maintenant on fait des sacs plastiques. Cela nous a pris plusieurs années. » Passé du troc de bonbons à la vente de sacs nettoyés, du décrassage manuel dans l'eau de la rivière aux chaînes mécaniques, puis des granulés recyclés à la production de sacs plastiques, il a réussi à s'en sortir et se félicite que ses deux fils fassent des études et projettent de reprendre son affaire. Il résume le chemin parcouru : « La vie est tellement différente maintenant. Mes parents étaient très pauvres, travaillaient aux champs et se battaient à la guerre. Quand j'étais enfant, personne ne me disait d'aller à l'école et on était malheureux. » Son associé complète : « C'était le socialisme. »

Auprès de ces deux hommes, aucune nostalgie ne semble se manifester, et c'est le socialisme vietnamien, pourtant ferment de l'indépendance, qui fait les frais de leur critique d'un passé peu enviable, plus encore que la colonisation ou la guerre. Si la doctrine égalitariste s'est perdue dans l'écrasement de la population en mal de liberté, le progrès est associé pour beaucoup à l'ouverture et à la libre entreprise. Pourtant, la libéralisation de l'économie, impulsée par le Parti communiste vietnamien avec la politique de « Renouveau » – *Đổi mới* – en 1986, constitue, à l'image du voisin chinois, une synthèse de ces deux visions *a priori* contradictoires : l'idéologie communiste et l'idéologie capitaliste. Il faut donc relativiser la métamorphose suggérée par la traduction littérale de *Đổi mới* (« changer pour faire du neuf »), les gouvernements ayant tendance, même s'ils s'attribuent les atours de la nouveauté, à s'inscrire dans une forme de continuité[36]. Le récit qui émerge de

---

36. Yann Bao An et Benoît de Tréglodé, « Doi moi et mutations du politique », *in* Stéphane Dovert et Benoît de Tréglodé (dir.), *Viêt Nam contemporain*, Paris/Bangkok, IRASEC-Les Indes savantes, 2009, p. 119-151.

cette fusion idéologique, oublieuse des libertés politiques et productrice d'inégalités, de déclassements et de dommages multiples, reste donc foncièrement positif : du point de vue des chefs d'entreprise victorieux que nous avons rencontrés, l'économie dérégulée du recyclage a permis à des familles – et, par hyperbole, « à tout le village » – d'échapper à la misère, de donner du travail et de vivre heureux. Cette synthèse entre les stakhanovistes du minerai recyclé et les *self-made-men* de la plasticité repose par ailleurs sur un discours positiviste, dans lequel il n'y a guère de place pour la nature, sinon pour s'en rendre « maître et possesseur » – selon l'expression célèbre d'Auguste Comte – et glorifier l'action de l'Homme, qui peut transformer et sublimer toute matière[37].

C'est peut-être pour cette raison que Snow et moi avons banni le mot « environnement » *(môi trường)* de nos conversations avec les entrepreneurs. Afin de créer et maintenir un lien avec ces précieux interlocuteurs, nous avons dû composer avec leurs tabous. Si leurs discours occultent les enjeux liés

37. Jean-François Braunstein, « Comte, de la nature à l'humanité », *in* Olivier Bloch (dir.), *Philosophies de la nature*, Paris, Éditions de la Sorbonne, 2000 [en ligne : consulté le 27 mai 2021].

à la pollution ou à la santé des humains et des non-humains, leurs actes démontrent pourtant une sensibilité à leur milieu de vie et au caractère dégradant de leur travail. Dès qu'ils le peuvent, les gérants des entreprises de recyclage achètent par exemple une maison hors du village de Minh Khai, à l'opposé de la commune de Như Quỳnh, là où l'environnement est moins hostile, ou beaucoup plus loin encore, comme à Hanoï. En dehors de quelques pionniers qui résident encore sur place, à côté de leur chaîne de recyclage et tout près de l'autel des ancêtres auquel ils sont tant attachés (ils ont parfois fait construire une maison neuve de plusieurs étages juste à côté de l'ancienne masure en bois), les hommes qui ont fait fortune dans cette activité ne viennent dans les ateliers qu'en journée. Dans la zone artisanale où ont été relocalisées les usines les plus prospères, il y a bien de grandes maisons bourgeoises, mais leurs volets en bois noble restent clos. Au début de mes explorations, j'imaginais des habitants se cloîtrant derrière leurs huisseries pour se protéger des odeurs, mais j'ai compris plus tard que ces maisons étaient inhabitées. Leurs propriétaires vivent ailleurs. Ces grandes bâtisses servent davantage de bureaux pour les sociétés que de maisons à vivre et l'on y rencontre surtout des employés, comptables, gardiens ou femmes de ménage : un petit personnel qui doit composer avec les chiens errants rôdant autour des déchets. À l'intérieur, l'autel des ancêtres monumental qui occupe parfois toute une pièce dans les maisons rurales est réduit à la portion congrue : un petit meuble clinquant posé au sol près de l'entrée commerciale.

Un quincaillier d'une cinquantaine d'années nous a résumé en ces termes le développement *(phát triển)* « de 1 pour 1 000 » et la transformation rapide de sa commune d'enfance : « Avant il n'y avait pas de bureaux à part ceux du gouvernement. Maintenant il y a des compagnies partout. » Reconnaissant une amélioration de l'urbanisme et des conditions de vie, il a immédiatement soulevé les effets pervers liés à l'afflux de capitaux dans ce territoire inégalitaire et désordonné. Parmi les maux sociaux que cet homme voulait dénoncer, il y avait la consommation de drogue, en particulier d'héroïne, la multiplication des crimes, des paris et de la prostitution. Caractérisée par une inégale répartition des gains et des pertes, cette croissance économique semblait également manquer, à ces yeux, de maturité : « Les jeunes trouvent plein de manières de dépenser leur argent. » Le mot vietnamien *phát triển*, que l'on emploie autant pour parler d'essor industriel que d'éclosion des fleurs, entend pourtant combiner l'idée de développement avec celle d'*épanouissement*.

C'est à l'inverse la corruption qui s'est renforcée sur ce territoire déjà envahi par les déchets, comme l'ont souligné de nombreux habitants dénonçant l'inaction des pouvoirs publics face au désastre environnemental et sanitaire engendré par le recyclage. Aux dires de plusieurs personnes en colère, le Comité populaire s'est transformé en une grenouillère de fonctionnaires corrompus par des entrepreneurs du plastique en quête de croissance perpétuelle et de bénéfices infinis, quels que soient les coûts invisibilisés (et non pas invisibles) de leur activité. Un fonctionnaire de l'administration fiscale du district a même affirmé, lors d'un entretien sous le regard de la statue de l'Oncle Hô et du chaperon habituel (aucun fonctionnaire n'est autorisé à parler seul à un enquêteur ou une enquêtrice), que le budget dédié à l'environnement était ici très supérieur à celui d'autres localités, s'interrogeant sur l'absence d'effets remarquables de cet investissement. Une fois mon enregistreur éteint, l'homme s'est autorisé à formuler des hypothèses pour répondre aux questions qu'il posait, remplissant ainsi enfin les silences gênés. Si l'on était incapable de savoir où allait cet argent, c'est qu'il devait y avoir des

« fuites » du côté du département de l'environnement et des ressources naturelles. La sociologue vietnamienne qui m'accompagnait ce jour-là appuya son discours, ajoutant qu'il prenait des risques en mettant directement en cause ses collègues.

Au bureau de gestion de la nouvelle zone artisanale Minh Khai 2 – que j'ai trouvé désespérément vide à chacune de mes visites –, les fonctionnaires, débarquant précipitamment en scooter pour faire acte de présence et honorer ma demande d'entretien, ont invoqué le manque de ressources pour justifier l'absence de système de traitement des eaux usées et rejets venant des usines. Face à cette esquive, on pourrait rétorquer que les entreprises ne manquent pas d'argent. La transformation du plastique a en effet produit ses notables, mais les plus fortunés ont jugé qu'ils pouvaient se substituer à l'État local pour décider de l'allocation de leurs bénéfices. Avant d'investir dans des systèmes d'assainissement, c'est la construction d'une majestueuse maison commune qui a été décidée pour honorer les pionniers du recyclage : le *Đình*, un don ostentatoire à la communauté digne de l'évergétisme antique décrit par Paul Veyne dans son livre *Le Pain et le Cirque*[38]. Fier de défendre les intérêts du village le plus peuplé de la commune, le représentant de Minh Khai nous a accordé un entretien dans cette grande bâtisse au toit courbé, couvert de tuiles, surmonté de dragons en pierre et porté par des colonnades en bois : « Nous avons le plus grand Đình ! Il a coûté 7 milliards de VND [environ 250 000 euros] et ce sont uniquement les villageois qui ont contribué. Il a été construit en 2012 et honore les clans du village : Nguyễn, Đinh,

38. Paul Veyne, *Le Pain et le Cirque. Sociologie historique d'un pluralisme politique*, Paris, Seuil, 1995 [1976].

Phùng, les premiers hommes qui ont fait ce travail et qui sont morts aujourd'hui. »
Encerclé d'usines et d'amas de déchets, le *Đình* s'ouvre sur une cour pavée qui a été clôturée par un grillage métallique de plusieurs mètres de haut. Sans cette protection, il est probable que les entrepreneurs auraient utilisé cet espace « vide » pour stocker des ballots de plastiques sales, et les bonzaïs disposés devant l'entrée de l'édifice auraient alors risqué l'asphyxie. Devant la dépossession organisée des institutions publiques, à la fois corrompues, complices de fuites de capitaux et incapables de lever un impôt sur les entreprises, une corporation de recycleurs, composée d'une quinzaine de familles devenues prospères, s'est organisée pour défendre ses intérêts. Si les discours trahissent une opposition entre ce secteur privé influent et l'impuissance publique, c'est une alliance pragmatique qui s'opère en réalité et qui contribue à détourner les ressources de l'État. Ainsi, le représentant de Minh Khai – qui déclarait qu'« il n'y a[vait] pas d'argent dans les institutions publiques » tout en se targuant d'avoir commencé à recycler dès 1977, « un travail qui demande peu d'investissements, mais qui rapporte beaucoup ! » – a un temps été le président de la province de Hưng Yên. Devant cette collusion des intérêts d'une minorité, qui met

de côté les maux sociaux et environnementaux de la commune, confisque les bénéfices de son activité lucrative tout en socialisant les pertes, on comprend la colère de certains habitants. Avant que le ramassage des ordures (encore aujourd'hui sous-dimensionné et souvent défaillant) ne soit mis en place par les pouvoirs publics, certains d'entre eux avaient pris l'habitude de déverser leurs poubelles devant le Comité populaire de la commune. Dans ce contexte autoritaire, cette pratique encore courante et anonyme – dans mes entretiens, les auteurs ne sont jamais identifiés et ce sont toujours « des gens » qui agissent « à la nuit tombée » – constitue une manière originale et très parlante d'exprimer son mécontentement. Lorsque l'on habite une « ville poubelle », il n'y a pas plus juste manière de faire comprendre aux décideurs que leur politique « n'est rien que de la merde[39] » !

---

39. Je reprends ici l'expression de Jacky Bouju et Fatoumata Ouattara qui ont travaillé sur « la résistance des ordures » au Burkina Faso. Jacky Bouju et Fatoumata Ouattara, *Une anthropologie politique de la fange : Conceptions culturelles, pratiques sociales et enjeux institutionnels de la propreté urbaine à Ouagadougou et Bobo-Dioulasso (Burkina Faso)*, Action de Recherche n° 4, Marseille/Ouagadougou, SHADYC et GRIL, 2002.

BOUCLER LA BOUCLE ?

Je me suis réfugiée dans le salon des visiteurs, au fond du palais des expositions de Hô Chi Minh-Ville, pour reprendre mes esprits et boire un café. Depuis ma terrasse en revêtement synthétique, j'ai un point de vue imprenable sur les stands de la Grande-Bretagne, que j'avais repérés lors du « *Press Tour* ». Regarder sans être vue, voilà mon profond désir d'immersion (ou de disparition) anthropologique, mais je ne suis pas la seule à observer les participants à ce salon double consacré à l'emballage – Propak Vietnam 2016 – et à la promotion de l'industrie des plastiques et des caoutchoucs : Plastics & Rubber. Or, ici, je ne passe pas inaperçue : je suis blanche, jeune et je n'arbore pas de tailleur, mais un petit calepin pour prendre des notes. Parmi les hommes européens en costume, les ingénieurs commerciaux vêtus de polos aux couleurs de leurs entreprises chinoises, taiwanaises, coréennes et les femmes présentes dans le bâtiment (le plus souvent des Asiatiques interprètes ou hôtesses d'accueil), on pourrait me prendre pour une journaliste. C'est probablement pour cela que personne ne m'a empêchée de participer à la conférence de presse du premier jour, vers laquelle une étudiante vietnamienne embauchée comme traductrice m'avait guidée. Elle s'est ouverte par une introduction de Gernot Ringling, directeur commercial de Messe Düsseldorf Asia, coorganisateur du salon avec Singapore Exhibition Services, et Vera Fritsche, spécialiste des marchés de l'emballage lié à l'industrie agroalimentaire pour VDMA, un syndicat d'industriels allemands. Les trois caméras sur pied destinées à immortaliser cet événement important de la diplomatie du plastique m'ont repérée et j'apparais régulièrement sur les écrans qui projettent les réactions du public de la petite salle

en direct. Mon visage illustre donc le propos du premier conférencier vietnamien, qui exhibe une bouteille d'eau « *Saigon tourist* » pour montrer les synergies possibles entre industrie plasturgique « de pointe » et applications agroalimentaires. Concentrée, je prends des notes dans mon carnet ; une caméra s'approche pour faire un gros plan sur mon écriture. Parmi des citations éparses en anglais, *« noodle packing machines »*, *« food, drink and pharmaceuticals »*, *« high growth market »* et *« lucrative industry »*, j'écris : « Si des francophones voient la vidéo, je suis démasquée !!! »
La situation est clairement inconfortable, même si, rétrospectivement, je ne sais pas quel masque j'essayais de porter ce jour-là : lors de mon inscription par mail ainsi que des rencontres, j'ai toujours expliqué que je menais une recherche en sciences sociales sur le recyclage des plastiques. Au guichet où étaient distribués les badges, les organisateurs semblaient toutefois m'avoir oubliée. Dans cet espace de représentation très policé, mon carnet de terrain était devenu un outil pour évacuer une partie de mon malaise et analyser la situation *in vivo* : je scrute mon apparence dans le détail et remarque qu'au-dessus de mes ballerines, « j'ai oublié mon bracelet de pied en macramé ». J'imagine que mes habits, pourtant

plus chic qu'à l'accoutumée, m'étiquettent comme « environnementaliste » et donc potentiellement intruse dans cet événement résolument productiviste. À la suite des diaporamas saturés de logos et de graphiques, un journaliste de la première chaîne de télévision vietnamienne VTV1 pose à l'intervenante allemande l'unique question de l'assistance : « Quel intérêt y a-t-il à remplacer les importations de machines chinoises par des machines allemandes ? » La très haute qualité, lui répond-on de concert, avec un grand sourire. Lors de la visite guidée destinée à la presse, le représentant singapourien coorganisateur du salon m'interpelle : « Je présume que vous n'êtes pas une journaliste vietnamienne. » Notre échange s'arrête très vite, car aucune discussion n'est vraiment attendue : je comprends que je ne suis pas à ma place. La suspicion à mon égard se renforce sous le regard froid et perçant d'un homme venu présenter à notre groupe les stands britanniques du salon. Il invite les journalistes vietnamiens à lui rendre visite, au fond à droite de l'allée centrale, loin des machines imposantes des exposants suisses, italiens et autrichiens qui suscitent la curiosité et rythment les échanges d'une mélodie mécanique sans accrocs. Le clou du spectacle : une imposante machine verte commandée par un écran tactile, qui moule derrière une vitre puis dépose délicatement sur un tapis roulant des bols d'un blanc immaculé, destinés à contenir des soupes de nouilles instantanées. Même si des écriteaux avertissent que les photographies sont interdites en dehors du podium de l'entrée – un décor de logos pour selfies où mène un tapis rouge –, chaque visiteur dégaine son smartphone pour conserver une trace numérique de la prouesse technologique.

J'ai attendu le deuxième jour pour m'approcher des stands britanniques, après avoir discuté avec plusieurs exposants européens et asiatiques, tous très avenants et disposés à répondre à mes questions techniques sur le recyclage, qui constituait l'un des enjeux du salon puisque plusieurs technologies dédiées y étaient exposées. Dans la zone réservée à la Grande-Bretagne, il n'y avait aucun engin, et seules quelques photographies attiraient le regard. Après m'être assurée que l'homme intimidant rencontré lors du *Press Tour* était absent (j'ai découvert par la suite qu'il était le représentant d'un syndicat d'industriels de la plasturgie anglais), je me suis rendue près de ces stands peu mis en valeur par le salon. J'ai d'abord parlé avec une femme malaisienne qui s'occupait d'un petit stand dédiée aux sacs en plastique oxo-fragmentable : il s'agit d'un procédé de production fondé sur l'usage de cocktails d'additifs dangereux, notamment des métaux lourds, destinés à fragmenter les chaînes moléculaires des polymères soumis à une oxydation progressive. L'argument marketing, surfant sur la montée des préoccupations écologistes, consiste à dire qu'au bout d'un certain temps d'utilisation (certains industriels vont même jusqu'à affirmer abusivement que cette durée de vie est « contrôlée »), les sacs plastiques fabriqués selon ce procédé seraient capables de « disparaître » dans la nature. Une controverse autour de l'usage de ces plastiques « additivés » d'une « poudre de perlimpinpin » (comme l'avait résumé un industriel français que j'ai rencontré plus tard à Hanoï) a abouti à l'interdiction par l'Union européenne de la mise sur le marché de ces polymères instables dans le courant de l'année 2021[40]. En effet, leur fragmentation chimique n'a rien à voir avec une véritable biodégradation et risque au contraire de mettre en péril les écosystèmes en y dispersant des microparticules de plastique ainsi que des agents polluants. Les plastiques oxo-fragmentables sont toutefois encore très répandus dans le monde et

40. Directive UE n° 2019/904 du Parlement européen et du Conseil du 5 juin 2019.

en particulier au Vietnam, où les sacs fabriqués selon ce procédé sont même distribués en caisse des supermarchés sous un label « vert » et écologique[41]. La présence de deux stands dédiés à cette technologie très critiquable dans l'espace des exposants sous pavillon britannique a éveillé ma curiosité. Lors d'une longue discussion, très cordiale, un représentant italien d'une entreprise d'équipement pour l'industrie du recyclage (notamment de systèmes de nettoyage) évoqua l'existence d'une « mafia » du déchet, tout en désignant leur stand du coin de l'œil.

Juste à côté des oxo-fragmentables, un stand est habillé de panneaux recouverts de photographies montrant des balles de différentes qualités de plastiques, compressées et emmaillotées, moulées pour le transport en conteneurs. Jusqu'alors, je n'avais vu ce genre de « matières premières secondaires » – ou plutôt de déchets plastiques –

---

41. J'ai consacré un chapitre d'ouvrage collectif à la question des plastiques oxo-fragmentables : Mikaëla Le Meur, « Fragmentation, disparition ou intoxication ? Le succès troublant des sacs plastiques oxo-fragmentables au Vietnam », *in* Lise Debout, Sylvy Jaglin et Irène Salenson (dir.), *Du rebut à la ressource. Valorisation des déchets dans les villes du Sud*, Paris, Agence Française de Développement, 2018, p. 241-259.

que dans le village de Minh Khai, près des usines de recyclage. Unique exposant affichant de telles photographies, l'entreprise Jayplas, spécialisée dans le recyclage au Royaume-Uni, mais également dans l'export de matériaux « bruts » à l'international, est représentée par un homme, lequel accepte, avec un rictus, que je lui pose quelques questions. Je tente de détendre l'atmosphère en nous installant à la petite table pliante du stand et en redoublant de précautions langagières : *étudiante* en doctorat et *intéressée* par le recyclage, je suis *reconnaissante* qu'il accepte de *m'aider* dans ma recherche en m'accordant un peu de son temps précieux, même si je l'ai vu attendre les bras croisés lors de mes déambulations dans le salon. Contrairement aux deux chefs de la délégation de Grande-Bretagne – le représentant inquisiteur du syndicat de producteurs et son acolyte, un haut fonctionnaire de la Couronne, spécialisé dans la diplomatie économique de l'énergie (pétrole et gaz) et de la plasturgie, beaucoup plus cordial voire séducteur (je le découvrirai le lendemain, lors d'une invitation à dîner à son hôtel Majestic d'où je m'extirperai à temps) –, cet homme, lui, n'est pas habillé en costume. De lui, je ne saurai presque rien, tant il est mutique. À chaque question que je lui pose,

il laisse flotter un silence gênant ou répond : « Je suis sûr que vous le savez déjà. »
Au bout de quelques minutes, il saisit l'opportunité de Vietnamiens s'approchant des photographies pour partir en disant rapidement : « Excusez-moi, j'ai des clients. » Il me tourne alors le dos sans me saluer et m'ignore délibérément. Je reste quelques minutes supplémentaires sur le stand pour prendre de la documentation. Je l'entends alors accoster un visiteur qui s'approche de la table couverte de prospectus : « Êtes-vous recycleur ? » Le Vietnamien répond : « Pas moi directement. » L'exposant lève alors les yeux avec un air entendu et répète : « Oh, pas vous directement » ; ils engagent ensuite la conversation autour de la table ronde que j'ai quittée une minute avant. Sur la plaquette de présentation de l'entreprise, le logo de Jayplas – une silhouette de l'archipel anglo-saxon intégrée dans un cercle composé de flèches – est accompagné d'un slogan habituel dans le domaine du recyclage et de ce que les industriels aiment appeler « l'économie circulaire » : *« Closing the loop in the UK »* (Fermer la boucle au Royaume-Uni). Mais en dessous de ce cercle prétendument vertueux, une autre annonce publicitaire m'apparaît pleine d'ironie : *« Shaping the future of UK plastics and recycling »* – « Façonner

le futur des plastiques et du recyclage britannique » – pourrait se transformer, en changeant seulement deux lettres, en *« Shipping the future of UK plastics and recycling »* – « Expédier le futur des plastiques et du recyclage britannique ». Ainsi, la Couronne, représentée au Vietnam par des entreprises controversées et des émissaires au service des intérêts (secrets ?) de Sa Majesté, perpétue sa présence maritime sur la surface du globe en exportant des conteneurs de déchets.

La Grande-Bretagne n'est pas la seule nation développée à pratiquer l'exportation de plastiques usagés et d'autres matières détritiques à travers le monde. En 2018, la France exportait près de 450 000 tonnes de déchets plastiques vers diverses destinations en Asie, mais aussi vers la Turquie, devenue l'eldorado du recyclage aux portes de l'Europe[42], tandis que la Bulgarie et la Roumanie étaient envahies d'ordures italiennes[43]. De l'est de l'Europe jusqu'au Pacifique, la route des déchets redessine les rapports commerciaux entre Orient et Occident. Au tournant de l'année 2017-2018, la Chine a toutefois fermé ses frontières à l'importation de vingt-quatre types de matières détritiques, notamment des papiers, cartons, plastiques, métaux et textiles, affirmant ainsi qu'elle ne voulait plus être la poubelle du monde. Durant les dernières décennies, la République populaire était en effet devenue un maillon central du commerce international des matières déchues, principalement venues des États-Unis, du Japon, d'Australie, de Nouvelle-Zélande ou d'Europe. Elles étaient recyclées par différents acteurs, allant des fabriques

42. Atlas du plastique 2020, Fondation Heinrich Böll (téléchargeable en ligne).

43. Nelly Didelot, « L'Europe de l'Est, terminus des résidus plastiques de l'UE », *Libération*, 31 mai 2021.

familiales artisanales aux entreprises industrielles de dimension régionale. Le documentaire *Plastic China*, du réalisateur Jiu-Liang Wang, sorti en janvier 2017 et plusieurs fois primé la même année, dresse un portrait sensible et critique, au plus près des destins individuels, de cette économie du recyclage qui repose, comme au Vietnam, sur les aspirations de petits entrepreneurs à la modernité[44] et à la consommation capitaliste. Une scène du film cristallise ces désirs d'extraction sociale : elle montre les deux familles de recycleurs que suit le réalisateur au Salon de l'automobile de Pékin. Il les filme, perdus au milieu des paillettes, des habitacles en cuir, des volants en diamants et circulant, à la fois hagards et fascinés, entre les mannequins posant sur le capot des voitures de luxe[45].

Peut-être ce film a-t-il joué un rôle dans la décision du gouvernement chinois, annoncée quelques mois après sa diffusion, de stopper l'importation de certains types de déchets. Cette

---

44. James Ferguson, *Expectations of Modernity. Myths and Meanings of Urban Life on the Zambian Copperbelt*, Berkeley, University of California Press, 1999.

45. Jiu-Liang Wang, *Plastic China*, Beijing/Honk Kong–Taipei, CNEX Studio Corporation, 2017.

interdiction, dont certains exposants parlaient pourtant déjà en 2016 au salon Propak Vietnam et à laquelle des industriels du recyclage se préparaient, a engendré une « crise » économique, diplomatique et médiatique qui a rendu visible l'étendue du commerce international des détritus. Ce trafic était jusque-là mystérieux pour le grand public et passait dans le même temps sous les radars de la régulation internationale. La Convention de Bâle entrée en vigueur en 1992 pour réguler les flux transfrontaliers de matières concernait les déchets jugés « dangereux », en priorité liés à l'industrie nucléaire ou chimique. Intégrée depuis 2006 au droit communautaire européen, elle évolue progressivement, et l'un des objectifs actuels est de contraindre les pays exportateurs à obtenir l'aval des pays destinataires avant l'expédition par conteneur. Pour l'instant, ce sont des acteurs infraétatiques qui organisent ce commerce de manière relativement indépendante. La mise en œuvre concrète de l'obligation de contrôle qu'instaurera cette réglementation débattue à l'échelle internationale pose problème.

En 2018, alors qu'aux États-Unis, des journaux se sont mis à titrer que des balles de déchets s'accumulaient dans les entrepôts des centres de collecte et de tri à la suite de l'interdiction chinoise, au Vietnam, les médias s'affolaient de voir arriver dans les ports des cargaisons d'ordures déroutées et sans acquéreurs. À l'automne, 9000 conteneurs remplis de plastiques, ferraille, aluminium et papiers usagés attendaient dans les grands ports du pays, certains depuis plusieurs mois[46]. Malgré les annonces ministérielles vietnamiennes engageant à se débarrasser de ces restes indésirables, soit en les réexportant, soit en les conduisant en décharge, le tout aux frais des entreprises incriminées[47], les montagnes de détritus ne cessaient de croître et d'envahir le territoire. Le village de recycleurs de plastiques de Minh Khai apparut alors dans les journaux télévisés, sa taille ayant décuplé en un an avec l'accueil d'environ 1 000 tonnes de déchets polymères par jour selon des journalistes de VTV1[48]. Révélée à l'occasion de cette crise, la « mondialisation par le bas » du commerce international des déchets semble bien se produire de manière souterraine,

46. Viêt Nam News, 22 septembre 2018.

47. Viêt Nam News, 3 octobre 2018.

48. Sujet du journal télévisé de 19 h de la chaîne VTV1 – première chaîne du Vietnam – du 8 mai 2018.

sous le regard de l'État vietnamien, incapable de réguler les flux de matières[49].

Ce sont des entreprises et des acteurs insérés dans l'économie de la collecte, du tri et du recyclage des matériaux déchus qui organisent cette évacuation du trop-plein, ou du trop sale. Au Royaume-Uni, la compagnie Jayplas gère elle-même des usines de recyclage, mais afin de se réserver un flux constant de matières d'une qualité contrôlée, la firme utilise l'exportation comme variable d'ajustement des stocks. Tout l'enjeu du recyclage du plastique repose en effet sur ce contrôle des flux, comme dans toute filière industrielle ayant atteint une certaine inertie : les machines et les entrepôts sont dimensionnés pour une production régulière et un débit calibré, entre un minimum sous la barre duquel la rentabilité s'effondre et un maximum au-dessus duquel des investissements supplémentaires sont nécessaires. Lorsqu'il y a un excédent, la filière est encombrée, il faut la désengorger.

49. Je reprends ici l'expression d'Alain Tarrius dans son ouvrage éponyme ainsi que l'exergue proposée par Michel Wieviorka dans sa préface. Alain Tarrius, *La Mondialisation par le bas. Les nouveaux nomades de l'économie souterraine*, Paris, Balland, 2002.

Outre leur régularité, la clarté de ces flux (« *clear streams* ») est par ailleurs un élément clé du recyclage, dans la mesure où les producteurs entendent répondre à des normes de qualité – des agences nationales et internationales fixent des standards, en particulier pour le contact alimentaire[50] – facilitant mise sur le marché et exportations. Alors que certaines marques internationales se targuent désormais, pour toucher un nouveau marché « vert », d'utiliser des matières recyclées – pourquoi pas issues des océans pollués –, au Vietnam, dans le village de Minh Khai, certains entrepreneurs ont choisi de s'extraire du recyclage. Embourbés dans les ordures du monde, critiqués pour les dégâts liés à leur activité et en quête de reconnaissance, ils cherchent eux aussi la clarté des flux et la pureté matérielle. Produisant désormais, à partir de granulés polymères importés d'Arabie saoudite ou d'ailleurs, des verres transparents jetables, à bouchon percé pour y insérer des pailles acidulées et des bouteilles en PET[51] destinées à contenir de

50. *FDA – Food and Drug Administration* aux États-Unis ; AESA – Autorité européenne de sécurité des aliments sur le vieux continent, etc.

51. Polyéthylène téréphtalate.

l'eau à boire purifiée, ils reviennent directement à la source du plastique : les hydrocarbures.

Dans *Le Chant du Styrène*, un documentaire de treize minutes que lui avait commandé l'entreprise (aujourd'hui dissoute dans un groupe mondialisé) de pétrochimie et de métallurgie Pechiney, Alain Resnais recompose la généalogie industrielle des objets de consommation ordinaire fabriqués en plastique[52]. Le film paraît en 1958, un an après la publication des *Mythologies*

52. Il est disponible en accès libre et gratuit sur internet, entre autres à ce lien : https://vimeo.com/209229131

de Roland Barthes, dans lequel le philosophe consacrait également un chapitre aux polymères de synthèse, ces « matières miraculeuses » emblématiques de la modernité, dont il s'amuse à décrire la capacité à prendre forme et se reformer à l'infini sous nos yeux ébahis[53]. L'ironie est également perceptible dans le court métrage du réalisateur emporté par la Nouvelle Vague. Sur les images illustrant cette plasticité et détaillant les transformations opérées par les humains et les machines, la voix off de Pierre Dux insuffle aux alexandrins écrits par Raymond Queneau leur impertinence descriptive. La question est ainsi posée : « Ô matière plastique, qui es-tu, d'où viens-tu et qu'est-ce qui explique tes rares qualités ? » Le montage vidéo s'ouvre sur la fonte – rembobinée – d'un paysage translucide de louches et d'ustensiles colorés, puis vient cette phrase pleine de sens poétique : « Qu'à l'envers se déroule leur histoire exemplaire. » Du moule qui « engendre le bol » aux « graines » de « polystyrène vivace et turbulent », en passant par les pigments qui colorent les joncs sortis des filières à extrusion, le cinéaste remonte le parcours du plastique jusqu'à l'extraction des

53. Roland Barthes, *Mythologies*, Paris, Seuil, 1970 [1957].

hydrocarbures. Cette « matière abstraite » et « secrète » circulant dans un univers de canalisations permet de produire, lors de son raffinage, les oléfines résiduelles (ou alcènes, c'est-à-dire des hydrocarbures insaturés) utilisées dans le processus de polymérisation. Les ascendants des polymères sont le charbon, le gaz naturel, le pétrole et plus récemment le gaz de schiste extrait aux États-Unis par fracturation hydraulique et importé en Europe par Ineos, numéro un de la plasturgie du Vieux Continent[54]. Ils se forment selon un processus à la fois géologique et chimique : l'emprisonnement, dans la roche, de matières organiques végétales habituellement assimilées en surface par la biosphère et dont la maturation souterraine progressive produira du carbone fossile. Ces énergies très convoitées sont précieuses, car elles renferment de manière concentrée « de grandes quantités d'espace et de temps ». Lorsque nous utilisons « un seul litre de pétrole », nous dit le politologue Timothy Mitchell, ce sont l'équivalent de « vingt-cinq tonnes de vie marine primitive » qui partent en fumée, sans oublier que se sont évaporées « des

54. Atlas du plastique 2020, Fondation Heinrich Böll (téléchargeable en ligne).

décennies de croissance organique[55] ». L'extraction des énergies fossiles, sur laquelle repose le développement de l'industrie plasturgique, relie étroitement l'*accélération* de la « consumation » des hydrocarbures à celle de la consommation des objets en plastique à usage unique comme les emballages : des « biens de consommation rapide[56] ». Alliance du productivisme et de son pendant, le consumérisme, la quête de l'or noir et des ressources enfermées dans les sous-sols de la Terre (et avec elle les puits, les mines et le travail d'extraction) constitue l'amont des attachements du plastique.

Cet exercice de généalogie matérialiste permet de remettre en question les distinctions habituelles entre ce qui relève de la nature et ce qui relève de la culture. En effet, ceux

55. Timothy Mitchell, *Carbon Democracy. Le pouvoir politique à l'ère du pétrole*, Paris, La Découverte, 2013 (citations de la p. 25).

56. Gay Hawkins, Emily Potter et Kane Race parlent de « *FMCG - fast moving consumer good* » pour la bouteille d'eau à boire en plastique (PET) qui a envahi le marché mondial à partir des années 1970. Gay Hawkins, Emily Potter et Kane Race, *Plastic Water. The Social and Material Life of Bottled Water*, Cambridge, The Massachusetts Institute of Technology Press, 2015.

que l'on qualifie de matériaux de synthèse – les polymères thermoplastiques – évoluent à la lisière de ces deux opposés, construits par la pensée naturaliste occidentale[57]. Ils font bien la synthèse entre des espaces apparemment distincts, peuplés par les humains et les non-humains. Ce sont des objets hybrides, qui empruntent autant aux processus naturels (géologiques, biologiques) qu'aux processus culturels (extraction, transformation, usages), sans lesquels ils n'auraient pas pu voir le jour. On pourrait qualifier les plastiques de *matières domestiques*, tant elles semblent liées au mouvement de domestication de la nature et tant elles accompagnent notre quotidien, jusque dans l'intimité : essoreuse à salade, flacon de shampoing, lares et pénates contemporains. Lorsqu'ils retournent à l'état « sauvage », les plastiques deviennent des marqueurs, à toutes les échelles micro-, méso- et macroscopique de ce que certains appellent l'Anthropocène : l'empreinte humaine sur l'écosystème terrestre. Des

57. Voir Philippe Descola, « Par-delà la nature et la culture », *Le Débat*, n° 114, 2001, p. 86-101 (pour une synthèse de l'analyse de l'anthropologue Philippe Descola sur la dichotomie Nature-Culture).

carottes glaciaires aux soupes océaniques[58], en passant par les sacs flottant dans les branchages urbains, les plastiques s'immiscent partout et troublent les équilibres qui semblaient jusque-là immuables.

Depuis les racines jusqu'à la cime, l'arbre généalogique des polymères de synthèse nous impose donc des changements de perspective et des retournements permanents, peut-être sans dessus ni dessous, mais pas dépourvus de sens. L'expérience de pensée demeure pourtant vertigineuse, face à des filières se déroulant à l'infini : la matière circule, change, se transforme en répondant aux lois du tableau périodique des éléments. Or, avec le déchet devenu « matière première secondaire », on aimerait voir dans cet assemblage de circulations matérielles un cycle, comme celui de l'eau qui nous a été enseigné à l'école. Schématiser toutes les transformations moléculaires d'un agencement complexe – emboîté dans une multitude d'échelles dans lesquelles œuvrent des forces géologiques, chimiques, industrielles, culturelles, etc. – sur une image rapidement accessible à l'entendement, voilà un projet séduisant. Séduisant

58. Baptiste Monsaingeon, *Homo Detritus, Critique de la société du déchet*, Paris, Seuil, 2017.

ou séducteur, le logo du recyclage l'est certainement. Avec ses trois flèches vertes, il reprend les propriétés du ruban à une seule face de Möbius, l'anneau perpétuel sur lequel Maurits Cornelis Escher, l'artiste néerlandais adepte des constructions impossibles, faisait marcher des fourmis, à l'infini. Il arrive aussi que ce sceau certifiant la deuxième vie des emballages que nous portons à déchéance en toute légèreté ou bien de manière coupable joue sur une forme d'orientalisme, en s'affichant avec deux flèches seulement, l'une en noir, l'autre en blanc. Elles s'imbriquent et forment un disque. La référence au symbole taoïste du Yin et du Yang est revendiquée. Il s'agit de ce que cette philosophie ancestrale tient pour l'unité primordiale, le tout indifférencié, indéterminé, l'espace-temps-matière où toute substance est confondue, où le corps humain et le monde ne font qu'un, le Tao.

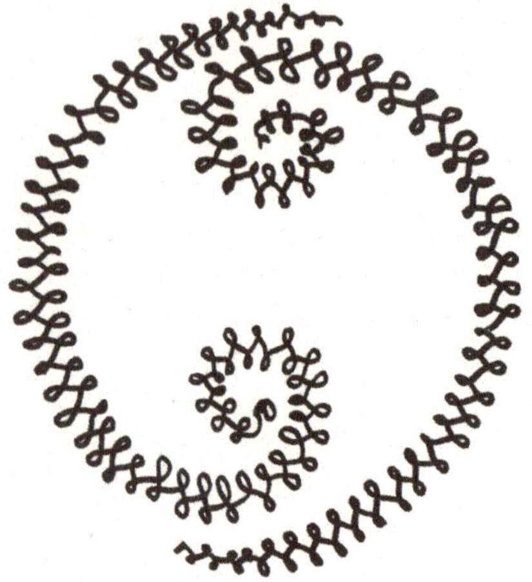

Voilà les origines véritables du recyclage et du mot d'ordre de l'« économie circulaire », tant employé de nos jours par les industriels, les associations ou les politiques. Sous des atours révolutionnaires, il s'agit selon moi d'un mythe – un récit dont la particularité est d'être anonyme, sans auteur[59] – autrement dit une vieille idée humaine reposant sur une « alchimie du déchet », qui se

59. Paul Veyne, *Les Grecs ont-ils cru à leurs mythes ? Essai sur l'imagination constituante*, Paris, Seuil, 1983.

résume de la manière suivante : « Tout est dans tout, chaque chose contient un principe et son contraire, ce qui brûle et dessèche avec le temps féconde et nourrit, le remugle se mue en parfum et la pourriture devient or[60]. » À partir de cette idée ancestrale, qui préside à toute agriculture, des couches historiques se sont progressivement sédimentées, comme celle de la maxime attribuée au chimiste bien connu et financier oublié Antoine Lavoisier – rien ne se perd, rien ne se crée… À l'image des disciplines se donnant pour objet la mise en évidence des lois de la nature, les sciences économiques, inspirées par la pensée classique et néoclassique, ont transformé ce cycle reproductif en symbole d'une croyance dans le « marché comme unique mode de régulation entre les individus permettant d'atteindre l'optimum social[61] ». Imaginée par le philosophe et économiste écossais Adam Smith (un contemporain de Lavoisier), la « main invisible » autorégulatrice et

60. Dominique Laporte, *Histoire de la merde*, Paris, Christian Bourgeois, 2003 [1978] (citation de la p. 47).

61. Hervé Defalvard et Julien Deniard, « Les organisations de l'économie sociale et solidaire dans l'économie des déchets et du réemploi en Île-de-France : une approche institutionnaliste », *Mouvements*, n° 87, 2016, p. 70-81 (citation de la p. 70).

productrice de « la richesse des nations » – une abstraction très oublieuse des petites mains laborieuses – s'est doublée du dogme de la rationalité des acteurs économiques et a fusionné avec le « trope quasi spirituel de la circularité[62] » pour fonder l'*économie circulaire* qui, se faisant, a fait disparaître le déchet, le résidu, le rien.

Dans le sillage du « cycle de vie » des choses qui ne se dégradent et ne meurent jamais – il faut croire que la vie ne suffit pas –, on imagine que les humains peuvent sans cesse changer de place et se transformer, sous l'action du travail et de la volonté. Il s'agirait de s'extraire avec énergie de sa condition comme on sortirait de la mine, à coups de pioche, de penser carrière puis de s'adapter et de changer de forme comme un polymère, quels que soient le serrage de la vis d'extrusion et les conditions de pression. Devenir plastique, visqueux, filiforme, granuleux, voire microscopique. Disparaître ? Se fondre dans la masse. Se former et se reformer, se recycler. Perpétuellement. Avec la promesse que si la première échoue, il y aura *une seconde vie* en flocons ou en fibres dans un nounours ou une polaire, si toutefois la banquise ne libère pas les particules plastiques qu'elle

62. Kirby, *op. cit.*

emprisonne dans « un océan de problèmes tragiques[63] ». Peut-être que le cycle nous empêche de penser la pyramide et ses ruissellements qui n'ont « jamais fonctionné[64] » : il n'y a plus ni haut ni bas, chaque point du cercle est à équidistance du centre de décision. Nous sommes à égalité.
Tout le contraire, finalement, des expériences vécues que j'ai relatées. Dans ce système capitaliste, consumériste et ultralibéral, où nous adhérons docilement à des figures parfaites, dénuées de perspective et de lignes de fuite, mais pleines de logiques immuables et d'ordres indiscutés, quelle place occupe une paysanne vietnamienne récoltant des sacs plastiques sur une benne à ordures ?
Sous un pont des environs du port de Quy Nhơn, deux ans après les enquêtes menées avec Snow dans le village de recycleurs de Minh Khai et la commune de Như Quỳnh, mon regard avait été attiré par des plastiques qui flottaient en contrebas d'une route très fréquentée et j'avais proposé

63. Je fais mienne une phrase cueillie dans une fleur de la liane de plastique exposée par l'artiste Trần Trọng Vũ, à L'Espace à Hanoï en 2016.
64. En référence au discours du président Joe Biden devant le Congrès américain le 29 avril 2021.

à mon interprète du moment, Hiêu, de voir de plus près leur matière. À l'ombre de l'édifice en béton, qui vibrait sous le passage des véhicules, nous avions été surpris de rencontrer deux paysannes, le dos courbé, de l'eau jusqu'aux genoux, occupées à rincer de grands sacs transparents dans la rivière. Provenant du port de pêche, ils avaient contenu des fruits de mer et n'intéressaient plus personne. Ces femmes démunies y avaient vu une ressource gratuite, à revendre au recycleur qui venait d'ouvrir une chaîne d'extrusion un peu plus loin. Il suffisait de la valoriser par leur travail : en nettoyant les polymères transparents, de faire oublier le dégoût provoqué par les effluves de crustacés fermentés au soleil. Sous le pont comme ailleurs, il est pourtant dit que l'argent n'a pas d'odeur.

ÉPILOGUE

Bientôt 8 heures « *sharp* », comme met en garde le mail de confirmation de mon inscription au « petit-déjeuner débat ». Avant ce rendez-vous, je ne connaissais pas cette expression anglophone pointue et tranchante. À l'instar du minuscule canon détonnant à midi « pétantes », qui avait été installé dans le domaine du Palais-Royal peu de temps avant 1789 pour mettre les pendules de tout Paris à l'heure (avec le succès qu'on connaît), les instruments métalliques ont pris l'habitude de découper le flux de l'existence en régulant nos rythmes circadiens. Ici, en ce mois de janvier 2017, il fait encore nuit – et froid aussi –, mais on reste précis et on surveille le chrono : le temps file. Il n'y a pas une minute à perdre, c'est pourquoi aujourd'hui, pour plus d'efficacité – évidemment conviviale –, seront mélangés les repas et le travail, le *breakfast* et le débat démocratique.

Cet ultime récit commence par un acte manqué : je me suis perdue dans l'espace d'accueil des « Invités et participants aux événements » qui jouxte l'entrée Simone-Veil du monumental Parlement européen de Bruxelles. On ne peut pas dire que je sois une habituée du quartier des institutions communautaires ni de la place animée du Luxembourg, même si j'habite dans la capitale belge depuis plusieurs années. Au mieux, j'y passe à vélo, entre Schaerbeek et Ixelles, pour aller à « l'univ », où la règle tacite du « quart d'heure académique » offre quelques largesses avant le début des cours ou des séminaires. J'ai pris soin d'être bien en avance cette fois-ci, mais, isolée dans la masse des individus déterminés à entrer dans l'un des temples de la vie politique européenne, je n'ai pas réussi à rejoindre le point de rendez-vous des personnes sans accréditation inscrites au « petit-déjeuner débat ». Sur le plan fourni, tout semblait pourtant simple et clair, mais je crois qu'il me manquait quelques codes et un peu plus d'expérience d'enquêtrice dans les lieux de pouvoir. J'avais cependant eu l'occasion d'entrer une fois au Parlement, grâce à une amie qui travaillait *à l'intérieur*, pour profiter de la projection, avec un public très réduit et très select, d'un film documentaire passionnant sur des modèles antinomiques de production laitière en Bretagne : *Herbe*[65]. J'aurais aimé que nous soyons beaucoup plus nombreuses et nombreux à le voir, afin d'apprécier le soin porté par quelques éleveurs et éleveuses à leurs vaches, à leurs prairies et à leurs vies. Depuis cette expérience d'infiltrée, je me souvenais que le hall d'entrée du bâtiment Paul-Henri-Spaak est hautement sécurisé, équipé de tourniquets, de portiques de détection des objets métalliques et surveillé par des agents en costume contrôlant les badges et les accréditations temporaires. Puis, un labyrinthe de verre et de métal typique de l'architecture postmoderne des centres d'affaires et de décision dont se sont dotées toutes les capitales au tournant des années 1980-1990 : une cité intérieure, fourmillante de monde, de discussions de coursives, de glissements en chaussures cirées sur la moquette des couloirs et de rencontres sous les puits de lumière.

Sur mon smartphone, j'échange des mails en anglais avec Marylin, l'organisatrice du *breakfast*,

---

65. Documentaire de 76 minutes d'Olivier Porte et de Matthieu Levain sorti en 2009 et produit par l'association ADEVA et Amelimages.

pour demander de l'aide. Malheureusement, elle est à Berlin, au siège du groupe à l'initiative de l'événement, le lobby European Bioplastics, et n'assistera pas à la discussion prévue avec la députée affiliée au Groupe des Verts/Alliance libre européenne fondé en 1999 : Margrete Auken. Le titre de la matinée en compagnie de cette personnalité politique et élue danoise, membre du Parti populaire socialiste du royaume scandinave, s'intitule « Clarifier les plastiques biodégradables et les utiliser proprement[66] ». Ce sujet intéresse particulièrement les membres de European Bioplastics, les entreprises multinationales de la pétrochimie et de la plasturgie comme Total (France), BASF (Allemagne), DuPont (États-Unis), Corbion (Pays-Bas), Novamont (Italie) et bien d'autres. Une autre amie bruxelloise, à l'époque assistante parlementaire d'un député français d'Europe Écologie Les Verts, m'avait envoyé, quelques semaines plus tôt, l'affiche de cette demi-journée rythmée par des interventions venant des mondes industriel et universitaire. Ensemble, nous avions préalablement discuté de l'agenda politique européen de l'époque, qui

66. En anglais : *« Clarifying biodegradable plastics and how to put them to proper use ».*

posait la question de la diminution de la production et de la commercialisation des emballages plastiques, en particulier des sacs dits « à usage unique », et de l'enjeu de ces nouveaux « bioplastiques » vis-à-vis desquels les acteurs économiques traditionnels cherchaient à se positionner. Partout dans le monde, le sac plastique est devenu le symbole d'une pollution visible qui dérange. De nombreux pays ont ainsi légiféré pour interdire ou taxer l'usage de ces biens de consommation volatiles, qui finissent parfois leur course dans l'estomac d'un grand cétacé ou d'un albatros – des images marquantes diffusées par différents acteurs de la société civile pour sensibiliser à ce problème. Certains pionniers de l'interdiction des sacs en polymères de synthèse ont été africains, révélant l'importance des accumulations de déchets sur ce continent alors qu'il ne produisait que 1 % des plastiques à usage unique en 2020, contre 38 % en Asie[67]. De la même manière, en 2014, Ségolène Royal, ministre de l'Écologie, du Développement durable et de l'Énergie sous la présidence de François Hollande, avait interdit certains sacs jetables en France et imposé qu'ils

---

67. Atlas du plastique 2020, Fondation Heinrich Böll (téléchargeable en ligne).

soient remplacés, dès 2016, par des plastiques fabriqués à partir de matières organiques, comme le sucre de canne et les amidons de maïs ou de pomme de terre. Cette substitution par des produits agro-industriels, souvent issus de la culture des OGM (notamment le sucre de canne brésilien), était destinée en particulier aux emballages des rayons fruits et légumes, alors que les sacs d'une épaisseur supérieure à 50 micromètres étaient considérés comme à usages multiples et donc non soumis à l'interdiction. Ces derniers, plus solides, correspondent par exemple aux sacs marqués du nom des commerçants de proximité – pharmacies, boucheries – et sont en effet souvent utilisés au moins deux fois : pendant les courses et comme sacs-poubelle. Cette politique plastique, plus tournée vers le développement d'ersatz et de nouvelles filières industrielles que vers une réduction franche de la production, visait à accélérer la dégradation des emballages problématiques et à les faire disparaître rapidement de la nature. La disparition des plastiques relève peut-être d'un nouveau récit mythologique, qui déplacerait les enjeux liés à un recyclage désormais controversé, dont j'ai parlé auparavant.

Faire disparaître le problème des emballages plastique, les rendre invisibles, inoffensifs, indiscutables, c'est en tout cas ce que les industriels de la plasturgie recherchent en investissant dans les « bioplastiques », qui ne représentent actuellement qu'environ 1 % de la masse des polymères produits dans le monde[68]. Pour le lobby éponyme, organisateur du « petit déjeuner » auquel j'ai finalement pu participer, ces plastiques se définissent par leur caractère « biodégradable », « bio-sourcé », « ou les deux »[69]. Ils sont issus de ressources renouvelables à l'échelle du temps humain, contrairement aux hydrocarbures (qui se renouvellent à l'échelle des temps géologiques). Toutefois, le modèle agricole intensif sur lequel se fonde cette technologie de valorisation de sous-produits excédentaires n'est pas sans conséquences sur les écosystèmes à court, moyen et long terme. L'usage massif d'intrants chimiques (engrais et pesticides), l'expansion des monocultures fortement mécanisées sur des terres arables et les échanges internationaux par cargos remplis de conteneurs de granulés font de

---

68. Selon le rapport 2018 du nova-Institute, un institut de recherche privé allemand spécialisé dans la transition industrielle vers les matériaux et les énergies renouvelables.

69. Site internet de European Bioplastics : www.european-bioplastics.org

ce modèle agro-industriel mondialisé une alternative trompeuse au modèle pétrochimique et plasturgique que j'ai décrit auparavant : le minerai « bio-sourcé » se substituerait simplement au minerai plastique de synthèse dans un système non discuté : *business as usual*. Par ailleurs, la biodégradation n'est pas une qualité intrinsèque des polymères « bio-sourcés » : « Aujourd'hui, moins de la moitié (44 %) est réellement biodégradable en raison de leur nature chimique », explique Élise Contraires, physicienne et chimiste spécialiste des matériaux plastiques[70]. Il faudrait donc rebaptiser ces polymères, tant le suffixe grec *βίος* – la vie – perd de sa valeur à mesure de sa marchandisation. Dans un système capitaliste capable d'assimiler et de vider de leur substance toutes les positions critiques[71], l'écologie ne déroge pas à la règle.

Lors du *breakfast*, j'ai été surprise de trouver de l'opposition aux « bioplastiques » chez un industriel. Le seul individu qui s'est ouvertement déclaré critique à l'égard de cette substitution n'était ni un représentant d'ONG (il y en avait

70. Élise Contraires, « Les bioplastiques, une solution bio pas si écolo », *The Conversation*, 2020 [en ligne].

71. Luc Boltanski et Ève Chiapello, *Le Nouvel Esprit du capitalisme*, Paris, Gallimard, 1999.

pourtant un, mais il est resté silencieux), ni un élu ou un haut fonctionnaire, mais le représentant d'un syndicat d'entreprises de recyclage. Il s'inquiétait du mélange des genres et de la contamination de leurs gisements de « matières premières secondaires » (les déchets) par des polymères de différentes natures, mettant en péril la stabilité de la transformation matérielle et la durabilité des produits fabriqués en matière recyclée. Outre la connaissance de tous les types de polymères (PEHD, PEBD, PET, PP, etc.), le tri sélectif imposerait en effet de savoir faire la différence entre des plastiques synthétiques d'une part – les seuls éventuellement recyclables – et des plastiques biosourcés ou biodégradables d'autre part, ce qui compliquerait largement la tâche dévolue aux ménages, mais surtout prise en charge par les travailleuses et les travailleurs des déchets. Si le remplacement des plastiques synthétiques a lieu, le recyclage risque par ailleurs de disparaître (ou a minima, d'être circonscrit à certaines filières très spécifiques et rentables), réduisant d'autant son marché actuel, au profit d'une mise en décharge ou en compostage. L'enjeu est donc de taille et une nouvelle controverse se déploie entre les partisans et les opposants de ces matériaux.

Cette controverse sociotechnique ne doit toutefois pas être confisquée par des spécialistes présumés, comme les industriels, qui peuvent avoir intérêt à renforcer la division manichéenne entre savants et profanes. En tant que matières politiques, le devenir des objets et des déchets plastiques engage au contraire une multiplicité d'acteurs, dont le point de vue doit être pris en compte : habitants et habitantes, citoyennes et citoyens, spécialistes et professionnelles des secteurs impliqués, depuis les petites mains jusqu'aux têtes dirigeantes, militantes et militants écologistes, élu·e·s et représentant·e·s politiques, chercheuses et chercheurs de diverses disciplines, etc., toutes ces voix comptent pour partager les savoirs, identifier tous les enjeux liés au problème du plastique et discuter du meilleur choix de société de manière démocratique. Comme le disait un slogan de manifestation (interdite) après le scandale sanitaire et environnemental Formosa Plastics en 2016 au Vietnam, quand une aciérie ayant rejeté des produits chimiques dans une rivière entraîna la mort de milliers de poissons échoués sur les côtes : « Les poissons ont besoin d'eau claire. Le peuple a besoin de transparence » *(Cá cần nước sạch, Dân cần minh bạch).*

À Bruxelles, la députée a conclu la rencontre par cette phrase mystérieuse : « Je ne suis pas sûre de savoir où je me situe[72]. » Ce jour-là, la controverse sociotechnique sur le devenir des plastiques a échappé, de manière spectaculaire, au pouvoir politique, représenté par une élue incapable de défendre une position. En s'en remettant aux avis divergents des acteurs économiques en concurrence sur les marchés productifs et discursifs – les industriels partisans du recyclage et les industriels partisans des bioplastiques qui confrontent leurs puissances commerciales et comparent leur pouvoir de lobbying – elle a abandonné le navire. Ce matin-là, comme un lambeau de plastique que l'on laisse glisser de notre main négligemment, la démocratie s'est envolée.

72. « *I'm not sure where I am.* »

TABLE

Collection
Carnets parallèles

Joëlle Zask, *Face à une bête sauvage.*

Lise Barnéoud, *Vaccins. Petit guide par temps de Covid.*

Olivier Haralambon, *Comment lire des livres qu'on ne comprend pas.*

Gil Bartholeyns et Manuel Charpy, *L'Étrange et Folle Aventure du grille-pain, de la machine à coudre et des gens qui s'en servent.*

Graphisme de la collection : Maya Palma
Composition : Céline Jézéquel
Correction : Marie-Édith Chauveau

Achevé d'imprimer par Corlet, 14110 Condé-en-Normandie
N° d'imprimeur : 21090026 - Dépôt légal : septembre 2021 — *Imprimé en France*